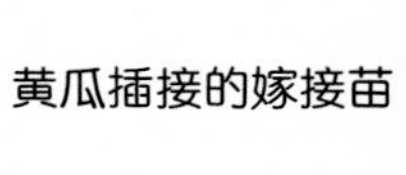

黄瓜插接的嫁接苗

温室黄瓜

收获的黄瓜

棚栽番茄

樱桃番茄

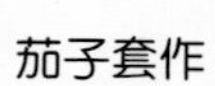

茄子套作

田间栽培的茄子

辣椒的分苗床

露地大白菜

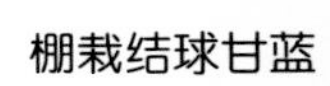

棚栽结球甘蓝

紫苤蓝

大葱田间栽培

芹菜育苗

紫豆角

田间栽培的紫背天葵

蔬菜优质高产栽培技术120问

（第二版）

主　编
刘维信　毕美光

副主编
张晓华

编著者
王学军　仝爱玲

金盾出版社

内 容 提 要

本书第一版自1998年9月出版以来，受到广大农民读者欢迎，已印刷14万册。根据10余年来蔬菜栽培技术的不断更新和发展，编著者对第一版内容进行了修订和补充，在原有38种蔬菜的基础上，增写了群众喜欢食用的6种蔬菜的栽培技术。该书采用问答形式，突出难点和重点，去冗减繁，语言通俗简炼，好懂易记，具有较强的指导性和可操作性，适合广大农民和基层农业技术人员阅读。

图书在版编目(CIP)数据

蔬菜优质高产栽培技术120问/刘维信，毕美光主编．—2版．— 北京：金盾出版社，2014.2(2018.2重印)
ISBN 978-7-5082-7356-3

Ⅰ.①蔬… Ⅱ.①刘…②毕… Ⅲ.①蔬菜园艺—问题解答 Ⅳ.①S63-44

中国版本图书馆CIP数据核字(2011)第269796号

金盾出版社出版、总发行
北京市太平路5号(地铁万寿路站往南)
邮政编码：100036 电话：68214039 83219215
传真：68276683 网址：www.jdcbs.cn
彩色印刷：双峰印刷装订有限公司
正文印刷：双峰印刷装订有限公司
装订：双峰印刷装订有限公司
各地新华书店经销
开本：850×1168 1/32 印张：4.625 彩页：4 字数：102千字
2018年2月第2版第17次印刷
印数：156 001～159 000册 定价：15.00元

目　录

一、蔬菜育苗技术

1. 蔬菜种子播前怎样进行浸种催芽?

为使蔬菜种子出苗迅速、整齐,生产上往往在播前要进行浸种催芽。其具体做法如下。

(1)浸种 浸种是将种子浸泡于水中,使其迅速吸水膨胀,吸足其发芽所需的大部分水分。浸种时应注意水温和时间。水温一般分三个类型:一是常规浸种。水温为30℃左右,适于种皮薄、吸水快的种子,如白菜、甘蓝、萝卜、豆类等种子;二是温汤浸种。水温为55℃左右,可杀死大部分病菌。浸种时一边倒水,一边搅拌,温度降至30℃时,同常规浸种;三是热水烫种。水温为70℃～80℃,将充分干燥的种子,倒入热水,用两个容器来回快速倾倒,直至水温降至55℃时,转入温汤浸种。热水烫种可迅速软化种皮,用于种皮厚、吸水难的种子,如西瓜、冬瓜、苦瓜、茄子等。另外,此法具有较强的杀菌力,可起到消毒的作用。浸种时间根据蔬菜种类确定,一般白菜类为2～4小时;瓜类中的黄瓜、西葫芦、南瓜为5～8小时;苦瓜、瓠瓜、蛇瓜、冬瓜为24小时;菜豆为2～4小时;芹菜、辣椒、茄子为8～16小时。

(2)催芽 催芽是将浸种后的种子放于适宜的温度、湿度、氧气条件下,使其迅速发芽。催芽方法有以下几种:一是沙子催芽。用淘洗干净的河沙,经开水烫后晾成半干,与已浸泡过的种子混匀(河沙与种子的比例为1～1.5∶1),放到干净的瓦盆里,保持适宜温度。这种方法的特点是保温保湿,出芽整齐,透气性好,不会沤烂芽苗。二是瓦盆催芽。将浸泡过的种子晾成半干,放在清洁(要注意不能有油)的瓦盆里,上盖清洁的白布或纱布、麻袋等,以保温保湿,放于温室的烟道上或火炕上催芽,每 2～3 小时翻动 1 次,使种子均匀受热,同时每天要冲洗种子 1～2 次,保持一定湿度。三是吊袋催芽法。将泡好的种子晾成半干,装入洁净的纱布袋里,吊在温室中适温的地方,每隔 2～3 小时用手在袋上上下触动,轻轻翻动,使其水分和受热均匀,并能补充氧气。要注意袋子不能装满。育苗中心或育苗专业户由于用种量大,应在催芽室和催芽箱内统一催芽。一般喜温菜如瓜类、茄果类、豆类种子催芽温度为 25℃～30℃;喜冷凉蔬菜如白菜类、叶菜类催芽温度为 20℃左右。催芽时,每天应检查 1～2 次,淘洗种子,清除黏液,补充水分及氧气。当大部分种子胚根露出时即可播种。在适宜条件下,白菜类种子催芽所需时间为 1～2 天,黄瓜为 1～2 天,西葫芦为 2 天,冬瓜为 4～6 天,西瓜为 3～4 天,茄子为 6～8 天,辣椒为 4～5 天,番茄为 2～3 天,芹菜为 7～11 天。

2. 怎样对蔬菜种子进行消毒?

由于许多蔬菜种子表面甚至种子内部带有病菌,带菌种子将病菌直接传给幼苗和成株,造成病害发生,所以播前对种子进行消毒是非常必要的。常用的种子消毒方法有温汤浸种、药粉拌种和药液浸种 3 种。

(1)温汤浸种 温汤浸种消毒不用任何药物,用 55℃左右的水烫种 15 分钟,即可杀死种子表面及内部的病菌,而后按常规浸种(参照第一问内容)。烫种时,种皮薄的种子及陈种子时间可短些,种皮厚的种子及新种子时间可长些。此法主要用于防治疫病、黑腐病、枯萎病、茎线虫病等真菌及细菌性病害,简单易行,可用于各种蔬菜种子。

(2)药粉拌种 此法简单易行，一般用药量为种子重量的0.1%～0.5%，如1千克种子只需药粉1～5克。使用的药粉颗粒要细小，种子要干燥。为使种子均匀粘上药粉，可将种子和药粉装入容器中(不要装满)，封好容器口后，连续摇动5分钟以上，药粉即可均匀地粘到种子上。防治番茄、茄子、辣椒的立枯病，可用70%敌克松粉剂拌种，用药量为种子重量的0.3%～0.4%；防治菜豆叶烧病，可用50%福美双拌种，药量为种子重量的0.3%。

(3)药液浸种消毒 将种子放入配好的药液中浸泡，以达到杀菌的目的。用药液浸种消毒，应先将种子浸泡一定时间，再放入配好的药液中，到时间后立即捞出，先用清水清洗干净，而后进行催芽或播种。防治番茄早疫病和茄子褐纹病，先将番茄种子在清水里浸泡4小时，捞出后放在福尔马林(40%甲醛)100倍水溶液中浸泡10～15分钟，再捞出清洗干净，直到种子没有药味为止。防治黄瓜枯萎病和炭疽病，先把种子用清水浸泡3小时，再放入福尔马林溶液中浸泡30分钟取出用清水洗净。防治辣椒炭疽病和细菌性斑点病，先用清水泡种子5小时，取出放入1%的硫酸铜水溶液中(硫酸铜1份，水99份)泡5分钟，取出洗净。防治番茄花叶病毒，将种子先用清水浸泡4小时，取出放入10%的磷酸三钠水溶液中浸泡15分钟，或放入2%的氢氧化钠水溶液中浸泡15分钟，捞出洗净。由于磷酸三钠和氢氧化钠可使病毒钝化，因此有抑制病毒病的作用。

3. 怎样对蔬菜种子进行低温和变温处理?

将浸种后刚萌动的种子放到0℃左右的低温下(可放入菜窖)5～7天进行低温处理。对萌动的种子进行一到几天的高、低温反复交替处理，称“变温处理”。其具体做法是，将萌动的种子在0℃～－2℃低温下放置12～18小时，用凉水缓冻后在18℃～

22℃下放置6～12小时。一般黄瓜种子须处理2～5天，其他喜温菜种子处理5～7天。经过低温和变温处理后，幼苗的抗寒性提高，植株的生长势增强，果菜类花期提前，早期产量及总产量提高。一般蔬菜种子经低温和变温处理后，所产蔬菜可提早上市7～10天，早期产量提高20％～30％。

4. 怎样配制苗床土？

苗床土也叫培养土，是幼苗生长的土壤。培养土是培育壮苗的基础。由于苗期幼苗生长速度快，单位面积上的苗数多，根系吸收能力差，同时苗期还要进行叶芽及花芽的分化，所以要求苗床培养土应具备良好的栽培条件，具有疏松透气、营养全面、保水保肥、无病虫害及杂草种子等特点。苗床土是经过人工调制而成的，主要成分为田土和腐熟的粪肥。苗床土可分为播种床土和分苗床土。一般播种床土用大田土5～6份、有机肥4～5份；分苗床土用大田土6～7份、有机肥3～4份。若土质过黏可掺适量沙子或锯末；若土质过于松散，可增加些黏土或鲜牛粪。一般要求播种床土疏松透气，要求分苗床土有一定的黏度，以便于成坨起苗。另外，每立方米的培养土再加入氮磷钾三元复合肥（15－15－15）1千克、50％的多菌灵可湿性粉剂80克，充分拌匀后铺于苗床。播种床铺土厚度为10厘米、分苗床为12～15厘米。

5. 怎样进行苗床土消毒？

许多病虫害通过土壤传播，致使蔬菜苗期发病，严重影响蔬菜幼苗的生长发育。因此，用老菜园或重茬地块土壤作苗床土，要进行苗床消毒。苗床消毒方法有以下几种。

（1）密封消毒 此消毒法的目的在于防治猝倒病和菌核病。1

吨床土用福尔马林200～300毫升、水25～30升充分搅拌后堆起来，用塑料薄膜或湿草帘覆盖，闷2～3天，即可达到充分杀菌的目的。然后去掉覆盖物，经过1～2周，使土壤中的药味充分挥发。如床土中的药味没有充分挥发，不能用来播种，否则将影响出苗。

(2)配制毒土消毒 该消毒法的目的在于防治茄果类和瓜类苗期猝倒病和立枯病。用70％的五氯硝基苯粉剂与50％的福美双(或65％的代森锌)可湿性粉剂等量混合。每平方米面积的苗床，取上述混合药剂8～10克与0.5～1.5千克半干的细土拌匀，取一半拌好的毒土于播种前撒在已浇透底水的床土表面上，另一半毒土用于覆盖种子。这种消毒方法，用药量不能过多，否则易发生药害，尤其在床土过干的情况下，更易发生药害。每平方米苗床面积用70％五氯硝基苯药粉不得超过5克。

(3)高温发酵消毒 在夏季高温季节将旧床土、圈粪、秸秆分层堆积，每层厚度约15厘米，堆底直径3～5米、高2米左右，呈馒头形。外面抹一层泥浆或石灰，顶部留一个口。从开口处倒入稀粪、淘米水等，使堆内充分湿润后进行高温发酵。这种方法不但能杀死病原菌，而且能杀死虫卵、草籽，使有机肥充分腐熟。春季育苗前刨开堆子，化冻后过筛备用，既可达到床土消毒的目的，又解决了床土来源。

6. 怎样鉴别蔬菜种子质量？

优质的种子应具备净度高、品种纯、籽粒饱满、发芽快、生活力强、具本品种优良特性和无病虫感染等特点。优质种子是蔬菜生产取得高产高效的首要条件，运用正确手段检验种子质量的优劣是生产中的重要一环。鉴定种子质量主要从以下几个方面进行。

(1)种子净度检验 种子净度是指样本中属于本品种的种子重量的百分数。检验时，取出少量种子，用四分法取出2份分别称

重;再分别将这2份种子中无胚、碎杂、霉烂的劣质种子以及其他杂种子、砂石等挑出,分别称重,按下列公式计算种子净度:

种子净度=取样重-(杂质重+劣种子重)/取样重×100%

最后,将二份种子净度平均,即为该种子的净度。

(2)品种纯度检验 分田间检验和室内检验两部分。田间检验是在蔬菜生育期间,到良种繁育地或留种田取样分析,根据种株在田间的形态特征表现,检验种子的真实性和品种纯度。室内检验是在种子收获脱粒后,到现场或仓库抽取种子样品进行检验,根据种子外部形态特征如粒形、粒色、光泽或有无毛等进行判断。检验结果可按下列公式计算品种纯度:

品种纯度=(取样样品总数-异品种株(粒)数)/取样总数×100%

(3)种子饱满度 一般用千粒重表示。千粒重是指1 000粒干种子的绝对重量,用克表示。从样本中挑出好种子500或1 000粒(大粒种子500粒,小粒种子1 000粒)称重,即可得到千粒重。

(4)发芽率、发芽势检验 发芽率是指样本种子中发芽种子的百分数。根据发芽率才能确定种子正确的播种量。其计算公式为:

种子发芽率=发芽种子粒数/样本种子粒数×100%

发芽势是指在规定天数内能发芽的种子的百分数。它是种子发芽速度、整齐度、生活力强弱的标志。其计算公式如下:

种子发芽势=规定天数内种子发芽数/供试种子粒数×100%

发芽势和发芽率的测定一般采用种子发芽试验来完成。将100粒浸泡后的种子放在培养皿中,培养皿下面铺有吸水纸,盖上培养皿盖,放在适宜温度下催芽,每天检查1~2次,使其保湿和通气。在规定时间内(如黄瓜2天、番茄5~6天)检查发芽势,再过2~3天测其发芽率。也可将种子放在碗里、沙子中、土壤中或纱布、毛巾卷里进行催芽。

(5)病虫危害率的检验 仔细观察感染病虫害的籽粒或田间植株数，然后用下列公式计算：

病虫危害率＝感染病虫害的植株（籽粒）数/检验的总株（籽粒）数×100％

7. 进行蔬菜育苗时，怎样确定播种量和苗床面积？

蔬菜播种量因蔬菜种类、种植方式、栽培目的、种子大小不同而差异很大。如番茄育苗每667平方米用种量仅为20～30克，而芹菜则需要150～250克。生产中往往根据大田种植面积及单位面积株数来确定播种量及苗床面积。播种量可按下列公式计算：

播种量（克/667米^2）＝每667米^{2}株数×每穴粒数/每克粒数（1 000千粒重）×使用价值（％）

使用价值（％）＝纯度（％）×发芽率（％）

实际播种时，往往由于病害、冻害、移栽及定植时造成苗子损失，因此实际播种量应比理论计算的播种量高出20％～30％。例如，黄瓜播种量的计算：若黄瓜每667平方米需苗5 000株，每穴1粒。黄瓜种子千粒重为30克，使用价值为90％，则实际播种量为：

实际播种量（克/667米^3）＝（5 000×1）/30×0.9（1＋25％）≈200

苗床面积计算：如黄瓜育苗是采用点播，行株距为10厘米，则每平方米苗床可育100株幼苗；若每667平方米用苗5 000株，则需苗床面积50平方米。由此可知，667平方米地黄瓜需种子200克，需苗床50平方米。

同理，番茄每667平方米播种量为20～25克，播种床面积为5～6平方米，分苗床面积为40～60平方米；茄子每667平方米播种量为50克，播种床面积为3～4平方米，分苗床面积为30平方米；甜椒每667平方米播种量为50～70克，播种床面积为5～6平方米，分苗床面积为40平方米；甘蓝每667平方米播种量为25～50克，播种床面积为4～5平方米，分苗床面积为40平方米；芹菜每667平方米播种量为150～250克，播种床面积为60～70平方米；莴苣每667平方米播种量为75～100克，播种床面积为5～6平方米。

8. 怎样减轻幼苗移栽时的伤根？怎样护根育苗？

蔬菜幼苗在分苗或定植时容易伤根，导致缓苗慢，甚至死苗。为了减轻移栽时造成的伤根，促进植株的生长发育，应采取护根育苗方法。目前生产上主要采用营养土块和营养钵两种护根育苗方法。

(1)营养土块 所谓营养土块是指将营养土浇水后切成一定大小的块。制作营养土块的方法有干踩法与和泥法两种：干踩法是将配好的营养土直接铺于苗床中踩实，厚度为8～12厘米，然后浇水切成8～12厘米见方的土块；和泥法是将配制好的营养土加水和泥，铺于苗床内，厚度为8～12厘米，而后切成8～12厘米见方的土块。

(2)营养钵 营养钵有土钵、纸钵、聚乙烯塑料钵等类型。营养土钵是用专门的制钵器将潮湿的营养土压制而成的圆筒形土钵，高10～12厘米、直径8～10厘米。营养纸钵是用铁制圆筒或玻璃瓶做模具，将废旧报纸剪成一定大小，做成高8～12厘米、口径8～10厘米的圆纸筒，填上营养土，密排在一起，即可使用。塑料钵是由厂家用聚乙烯为原料制作的专用钵，塑料钵大小种类很多，可根据需要选用。

采用营养土块或营养钵育苗，可使幼苗根系主要分布于营养土块或营养钵内，这样在移栽时就可将幼苗完整的根系连同土块一同移入分苗床或定植田内，减少移植造成的伤根，以利于迅速缓苗。

9. 蔬菜出苗前后应如何管理？

蔬菜出苗前后的管理主要是温度、光照、土壤及水分的管理。播种前先浇足底水，水渗下后进行播种、覆土，应注意用干土、细土覆盖种子，覆土厚度一般为0.5～2厘米。保护地育苗覆土后应及时覆盖保温材料，以保温增温，促其迅速出苗。从播种后到幼苗出土，一般不再浇水，如土壤过干可喷水或浇小水。当大部分种子发芽出土后，可浇1次水后再覆土1次。保护地育苗的苗床种子大部分出土后，可揭去不透明覆盖物，使幼苗及时见光，苗床及时降温，控制胚轴过分伸长，防止幼苗徒长。苗出齐后，再浇1次齐苗水。如前2次覆土较薄，再覆土1次，以防止胚轴弯曲和根系外露。

10. 什么是徒长苗？怎样预防秧苗徒长？

徒长苗是生产中最常出现的一类弱苗。从外部长相看，徒长苗根系发育差，根稀少，茎细弱，节间长，叶色浅，组织柔嫩。此类苗吸收能力差，光合效率低，移植后缓苗困难，抗逆性差。造成幼苗徒长的主要原因是：育苗过程中温度过高；秧苗密度大，互相遮荫；阴雨天多，光照弱，湿度过大；单纯施用氮肥。为防止幼苗徒长，要防止播种过密，当大部分苗出土后要及时揭苫降温、降湿，使其及早见光。苗出齐后，要及时间苗；苗期长的要多次间苗，及时分苗。少施氮肥，育苗过程中不可浇水过多，防止湿度过大。当发现幼苗趋向徒长时,可用50%的矮壮素加水2 000～2 500倍喷洒秧苗或苗床,每平方米喷1升左右,可有效地抑制幼苗徒长。

11. 为什么保护地育苗幼苗栽植到大田前要进行秧苗锻炼?

保护地内生长的幼苗长期处在温度较高、湿度较大、光照较弱的环境条件下,柔弱娇嫩,抗逆性差。为了使幼苗能适应分苗或定植后的环境,尽快缓苗,迅速生长,应在栽植前炼苗(即秧苗锻炼)。炼苗主要采用降低床温、控制浇水、加强通风等措施。炼苗可分为2个阶段:一是夜冷锻炼时期,即在秧苗长至接近定植苗大小时,逐渐降低夜间的温度;二是露天锻炼时期,即定植前3～5天,在无霜冻的前提下,将覆盖物全部揭掉,使秧苗适应露天生活条件。经过锻炼的秧苗,变得茎粗、节间短、叶色浓绿、新根多,定植后缓苗快、长势强、抗逆性强,开花结果早,产量高。

12. 怎样制作温床育苗设施?

温床是一种比较先进的育苗设施,除利用自然光加热外,还可人工增热。目前使用较多的温床主要是酿热温床和电热温床。

(1)酿热温床 这是利用微生物分解有机质时产生的热量来加温的一种育苗设施。其具体做法:在阳畦或小拱棚内的苗床下部挖一坑,坑的平均深度一般为20～40厘米,填上酿热材料。为使床温均匀,一般坑的两边要深些,中间要浅些,即中间酿热物厚度小些,两边酿热物厚度大些。在北方,早春育苗采用的酿热物一般为新鲜马粪,将其填入坑中踩实,湿度约为70%,再填上10厘米左右的营养土,准备播种或分苗用。酿热温床育苗取材方便,成本低,容易发热,但发热时间短,热量有限,且发热温度前高后低,不适宜秋冬育苗。

(2)电热温床 这是利用电热线进行加温的一种育苗设施。当电流通过电阻值大的导体时，将电能转变成热能，对土壤进行加温。其具体做法：首先在阳畦或小拱棚内的苗床下挖30厘米深的畦坑，畦坑底部填上12厘米厚的杂草以防止散热，杂草上铺填5厘米厚的沙子，然后在沙层上布线。布线前先在畦两头按一定距离固定小木桩用以挂线，木桩之间的距离即为电热线之间的距离。一般畦中部线与线之间的距离为10～12厘米，两边线与线的距离为6～8厘米。布线时一般3人操作，一人来回放线，畦两头各一人负责挂线，线要拉紧，使线与线之间平行，防止交错。线的行数应为偶数，使两线头在同一边，便于连接电源。布完线后，首先隔2～3厘米横压一道土，将线基本固定，然后顺着与线平行的方向撒土，将所有线埋住后，轻轻拔去木桩，再撒上一层草木灰、白灰或细炉渣作标志物，以便起苗时不损伤电热线。将配制好的苗床土填入电热线上方，铺平，厚度为10～12厘米，用作播种。电热温床的大小应根据育苗需要而定。据试验，作为播种床的电热温床的功率密度以80～120瓦/米^{2}为宜；作为分苗床的功率密度以50～100瓦/米^{2}为宜，以上功率密度可满足春季培养喜温蔬菜所需温度。如10平方米的苗床，选用100米长、总功率为1 000瓦的电热线即可。播种时应提前接通电源，使地温上升。最好将控温仪与电热线配套使用，以便于调节和控制温度。电热温床具有发热快、使用方便、便于控制等特点，应用前景很广泛。

13. 什么叫无土育苗？怎样进行无土育苗？

无土育苗是利用营养液及基质代替土壤进行育苗的一种方式。用无土育苗的方式培育的幼苗生长发育快，幼苗整齐，壮苗率高，移植后缓苗快。进行无土育苗要准备好基质，如炉渣、沙子、蛭石、珍珠岩、岩棉等,这些基质不含或极少含可释放的养分。无土育苗的关键是要配制好浇灌秧苗的营养液。营养液配方很多,目前生产上使用的大部分营养液为化肥水。其配方有以下几种:①复合肥(N_{15},P_{15},K_{12})1 000 倍液;②0.2%~0.3%的尿素和磷酸二氢钾混合肥水;③1 米^3 水中加复合肥 2 千克、硫酸钾(含钾50%)0.2 千克、硫酸镁(含镁 98%)0.5 千克、过磷酸钙(含磷13%、钙 33%)0.8 千克、硫酸锰 3 克、硫酸锌 1 克、硫酸铜 1 克、硼酸 3 克、钼酸铵 1 克、硫酸亚铁 20 克。

配制营养液首先应注意使肥料全部溶解,然后调节好酸碱度,大部分蔬菜生长需要的溶液 pH 为 5.5~7.5。

无土育苗使用的苗床与土壤育苗不同,可在大棚或温室中做高 15~20 厘米的育苗畦,畦底铺塑料薄膜,填上约 15 厘米厚的基质作播种用。基质事先要进行消毒(可用 40%甲醛 100 倍液均匀喷洒),然后堆起来用塑料薄膜盖好闷 3~5 天,再用清水冲洗净药液,才能铺于苗床中。无土育苗在小苗子叶展开期即开始供营养液,分苗前一般 5~6 天供液 1 次,分苗后 3~4 天供液 1 次,每次供液以底部稍有积液为宜。当幼苗长到适宜苗龄即可移栽到大田。

14. 什么是工厂化育苗?工厂化育苗有哪些程序?

工厂化育苗也称为穴盘育苗,是以不同规格的专用穴盘作容器,用草炭、蛭石等轻质无土材料作基质,通过精量播种(一穴一粒)、覆土、浇水,一次成苗的现代化育苗技术。工厂化育苗的特点是育苗时间短、产苗量大、秧苗质量好。

工厂化育苗主要分催芽、绿化、育大苗 3 个阶段,其育苗程序如下:种子处理,在穴盘内播种(播种室)1 天;催芽处理(催芽室)

1～4 天；见光，增温，绿化处理（绿化车间）6～7 天；幼苗快速培养，幼苗锻炼（快速培养车间）20～40 天。

15. 保护地育苗的设施有哪些？

保护地育苗设施主要有塑料薄膜拱棚、冷床、温室和温床。

（1）塑料薄膜拱棚 这种育苗设施包括小棚、中棚、大棚等，结构简单，在拱形骨架上盖塑料薄膜即可。塑料薄膜拱棚育苗温度升降快，昼夜温差大，保湿性能好，如管理得当，可培育出优质菜苗。

（2）冷床 这种育苗方式也叫阳畦育苗，主要利用日光热能培育秧苗，是我国冬春季节普遍应用的一种育苗方法，为春季露地栽培培育喜温菜幼苗。

（3）温床 这种育苗设施主要有酿热温床和电热温床（见本书第十二问），因有人工增热，可以在较寒冷的季节育苗，为保护地栽培提供幼苗。

（4）温室 指有加温设施的大型拱棚或温室。温室空间大，受光均匀、充足，保温性能好，操作管理方便，适于育早苗、大面积育苗或工厂化育苗，是一种比较先进的育苗设施。

（5）配套 指利用温室或温床与冷床或塑料薄膜拱棚配套育苗的方式。采用温室或温床播种，在冷床或拱棚中分苗，幼苗前期可得到较好的生长条件，后期可在冷床或塑料棚中得到充分锻炼，这样可以提早育苗期，有利于培养壮苗，是一种较好的育苗方式。

16. 保护地育苗怎样进行温度管理？

保护地育苗是苗期温度管理培育壮苗的重要一环。苗期温度管理应掌握的原则是“三高三低”，即“白天高，晚上低”；“晴天高，阴天低";"出苗前、移苗后高,出苗后、移苗前低"。

不同蔬菜对温度有不同的要求。甘蓝、莴笋等喜冷凉蔬菜苗期要求白天温度为 15℃～20℃,夜间为 6℃～10℃;番茄、茄子、辣椒、黄瓜等喜温蔬菜一般要求白天温度为 20℃～30℃,夜间为 15℃～20℃。

同一种蔬菜在不同育苗阶段温度管理亦不同:

(1)播种至出土阶段 要求保温、增温,以促进幼苗迅速出土。瓜类、茄果类等喜温蔬菜温度以保持在 28℃～30℃为宜;芹菜、莴苣、甘蓝等喜冷凉蔬菜温度以保持在 20℃左右为宜。

(2)出土至真叶显露阶段 将发芽期的温度下降 4℃～6℃,以控制下胚轴过分伸长,防止幼苗徒长。

(3)幼苗生长期 保持幼苗适宜的温度。喜温蔬菜幼苗适宜温度为 20℃～30℃,喜冷凉蔬菜为 15℃～20℃。

(4)定植前秧苗锻炼阶段 当幼苗基本长到所需大小时,开始对其进行降温锻炼。喜温蔬菜秧苗锻炼适宜温度白天应降至 15℃～20℃,夜间 8℃～10℃;喜冷凉蔬菜白天为 10℃～15℃,夜间为 3℃～5℃,以适应外部环境条件。

温度调节主要通过通风与保温防寒进行。苗期通风的原则是外温高时大通风,外温低时小通风。一天之内从早到晚通风量由小到大,由大而小,切忌骤然揭盖,引起"闪苗"。

二、黄　瓜

17. 怎样培育黄瓜壮苗?

培育壮苗是获得黄瓜优质高产的基础。优质的幼苗生长发育速度快,抗逆性强,上市早,产量高,品质好。培育壮苗应抓好以下几个环节。

(1)播种期的确定　播种期可根据育苗设施及栽培目的确定。如大棚黄瓜早熟栽培,可于 2 月上旬在温室或温床中播种育苗,3 月下旬定植到大棚中,苗期为 40～50 天;冬暖型大棚越冬栽培,可于 9 月下旬至 10 月上旬播种育苗,11 月上中旬定植,苗龄 40～50 天;露地栽培,可于 3 月中下旬在塑料薄膜改良阳畦或大棚中播种育苗,4 月下旬至 5 月上旬定植到大田,苗龄为 35～40 天。

(2)播种前的种子处理　种子处理主要是种子消毒和浸种催芽。黄瓜种子常带有炭疽病、细菌性角斑病、枯萎病等多种病原菌,因此播种前进行种子消毒是十分必要的。黄瓜种子消毒的方法有温汤浸种、药粉拌种、药液浸种 3 种(见本书第二问)。将消毒后的种子洗净药物,在 25℃～28℃下放置 1 天左右,待胚根露出即可播种。

(3)床土配制　黄瓜苗期要求营养全面,尤其对氮肥和磷肥的供应要求严格,若氮肥过多,生长不良,还会影响对钾的吸收。适当增施磷肥可促进花芽分化及根系生长。黄瓜的育苗床土应以充分腐熟的有机肥为主,其配制比例为 30%腐熟马粪、20%陈炉灰、10%腐熟大粪和 40%葱蒜茬田土。也可用 30%腐熟马粪、10%细沙、20%腐熟大粪、40%葱蒜茬田土配置。上述混合配制成的床土,每立方米再加过磷酸钙2～4千克,充分拌匀,过筛备用。

(4)播种及苗期管理 黄瓜多采用护根育苗的方法育苗,可用营养土块或营养纸袋法(见本书第八问)。将催出芽的种子平放在营养土块或营养纸袋中央,用细土覆盖种子。播种后迅速封好薄膜,晚上加盖草苫,保温保湿,促进迅速出苗。若育苗过程中进行分苗,可将已催芽的种子均匀地平放在装沙的育苗箱里,在育苗箱上扣上薄膜,以保温保湿促进发芽。当黄瓜苗子叶展平时,应立即分苗至营养土块或营养纸袋中。黄瓜育苗所用的营养土块或营养纸袋体积:长8厘米、宽8厘米、高10厘米。

播种后要提高苗床温度,白天应保持25℃～30℃,夜间15℃～20℃;出土后至第一片心叶出现时,应适当降温,白天应保持20℃～22℃,夜间12℃～15℃,降温的目的是控制下胚轴伸长,促进下胚轴加粗及根系发育。当黄瓜长至第一心叶至三叶一心时,白天应保持22℃～25℃,夜间13℃～17℃。定植前7～10天应进行低温锻炼,逐渐降低苗床内温度,使之适应定植后的环境。

黄瓜出苗后,将细土撒于畦面称为"上土",其作用是保墒、固定植株和促进不定根的发生。在幼芽顶土、子叶展平及第一片真叶展平时,应分别上土,厚度分别为0.3厘米、0.4厘米、0.5厘米。若底水充足,加上上土保墒,苗期一般不用浇水。

(5)起苗及囤苗 在定植前5～6天,下午给苗床浇1次水,第二天按8厘米距离及10厘米深度切坨,将苗坨移动,重新摆放在苗床内。苗坨之间的缝隙用细土填补,经5～6天后新根长出即可定植。

18. 怎样进行黄瓜与南瓜的嫁接?

保护地栽培黄瓜,常常进行嫁接栽培,将黄瓜苗嫁接到南瓜苗上。通过嫁接，可减轻黄瓜病害，增强植株耐低温能力，加快黄瓜生长发育速度，提高产量和效益。目前黄瓜嫁接使用的砧木以黑籽南瓜或新土佐南瓜苗为好，因黑籽南瓜和新土佐南瓜与黄瓜亲和力强，嫁接后成活率高。且黑籽南瓜和新土佐南瓜较耐低温，根系发达，也较耐移栽，缓苗快。其嫁接方法主要采用舌形靠接法和插接法两种。

(1)舌形靠接法　用于靠接的黄瓜苗一般比南瓜苗早播种5～6天。在黄瓜播后11天，第一片真叶初展；南瓜播后6天，两片子叶基本展开、真叶初露时进行嫁接。

嫁接时，将两种苗从苗床中轻轻提出，用竹签剔除南瓜苗顶部生长点，左手拿苗，右手拿刀片，在子叶下1厘米处向下呈40°角切1/2茎直径，刀口长约0.5厘米。取黄瓜苗从子叶下1.5厘米处自下向上呈40°角切2/3茎直径，刀口长0.5厘米。将黄瓜苗和南瓜苗两切口对接在一起，用专用塑料夹固定或用塑料条带绑缚好。嫁接后黄瓜苗略高于南瓜苗，使两苗子叶呈十字形，接好后立即栽入苗床。经10天左右，黄瓜心叶生长，即可切断黄瓜下胚轴。

舌形靠接法的优点是操作容易，成活率高；缺点是嫁接速度慢，后期还有断根、取夹等工作，较费工时，且接口低，定植时易接触土壤。

(2)插接法　黄瓜子叶全展，砧木子叶展平、第一片真叶显露至初展为嫁接适宜时期。根据育苗季节与环境，南瓜砧木比黄瓜早播3～5天，黄瓜播种后7～8天嫁接。育苗过程中根据砧穗生长状况调节苗床温湿度，促使幼茎粗壮，使砧穗同时达到嫁接适期。砧木胚轴过细时可提前2～3天摘除其生长点，促其增粗。

嫁接时先去除砧木生长点，把竹签向下倾斜插入，深达0.5厘米左右。注意插孔要躲过胚轴的中央空腔，不要插破表皮，竹签暂不拔出。再将黄瓜苗在子叶下5～8毫米处削成楔形。此时拔出砧木上的竹签，右手捏住接穗两片子叶，插入孔中，使接穗两片子叶与砧木两片子叶呈十字形嵌合。

插接法的优点是接口较高,定植后不易接触土壤,省去了嫁接后去夹、断根等工序;其缺点是嫁接后对温湿度要求高。

19. 黄瓜追肥的特点是什么?

黄瓜起源于有机质丰富的森林潮湿地带,喜肥水不耐贫瘠。因黄瓜根系浅,吸收能力差,所以施肥应充足。同时,因黄瓜不耐高浓度土壤溶液,因此每次施肥量不能过大。在基肥充足的情况下,追肥管理应掌握"少量多餐"的原则,即常施肥,但每次量要少些。定植缓苗后施提苗肥,每667平方米施尿素10千克左右或人粪尿750千克或圈肥1吨。根瓜采收后,可每隔5~7天追肥一次。盛瓜期可每隔一次浇水顺水追肥一次,称为"一清一浑"。每次追肥量为尿素10~15千克。结瓜后期根系吸收功能下降,可用0.3%的尿素溶液和0.2%的磷酸二氢钾进行叶面追肥。

20. 节能日光温室怎样定植和管理黄瓜?

节能日光温室也叫冬暖型大棚。冬暖型大棚越冬茬黄瓜播种期在国庆节前后为宜。采用插接或靠接法嫁接,黄瓜一般比黑籽南瓜早播5~6天。播种前应对种子进行处理,黄瓜采用温汤浸种后催芽,黑籽南瓜采用热水烫种后催芽,一般黄瓜催芽1~2天,南瓜催芽3~4天,待胚根露出即可播种。黄瓜播种后11天,黑籽南瓜播种后6天左右嫁接,嫁接后将苗栽到分苗床上。

冬暖棚定植黄瓜一般在11月上中旬进行,苗龄40~45天,定植一定要选在晴天上午进行。具体做法是:在整好地的棚内按南北方向开浅沟,沟深约3厘米。为便于定植后的操作管理,两沟间距分大小行,一般大行距70厘米,小行距50厘米。开沟后,按株距30厘米均匀地将带坨苗放在划好的浅沟内，立即覆土埋住黄瓜土坨，形成小高垄，一般垄高20厘米、宽30厘米。在垄上及时盖上地膜，地膜为0.9米宽的薄膜。定植盖膜后，立即放水浇灌，注意浇水应从小行距的膜下进行，浇水应以小高垄被完全浸透为宜。

冬暖棚黄瓜定植后的管理主要有温度与光照的管理、草苫的揭盖和肥水管理三个方面。

(1)温度与光照的管理 黄瓜从定植到缓苗，以促根为主，晴天应早揭晚盖草苫，让幼苗多见光。为使棚内有较高的温度，一般不通风或少通风，白天温度应控制在28℃～32℃，夜间20℃左右，不能低于16℃。缓苗后温度应稍有下降，以防止幼苗徒长，白天温度应保持在25℃～26℃，夜间15℃左右。1～2月份隆冬季节，外界气温低，应注意保温，尽最大可能白天增温，夜间保温。此期间一般不通风，若温度高于32℃并持续上升，可在棚顶通小风降温。3月份后光照条件变好，气温回升，黄瓜进入结瓜盛期，白天温度应保持在27℃～30℃，夜间12℃～14℃。光照的管理主要结合草苫揭盖进行，总的原则是只要不过分降低棚内温度，应尽量多见光。

(2)草苫的揭盖 正常天气草苫应早揭晚盖。若上午揭苫后棚内温度不下降的话可及时揭开；日落前棚内气温为20℃左右时应覆盖草苫，一般不得早于下午3时。天气特别寒冷时，可早揭早盖。阴雨雪天气，室内气温不下降，就应揭草苫。大风雪天揭苫后棚温明显下降，则不可揭草苫，但中午应短时间揭开或间隔揭开草苫，让黄瓜见散射光。连阴天气，室内气温下降上午也要揭起草苫，下午根据温度情况提前盖苫。久阴乍晴，切不可猛然全部拉开草苫，应陆续间隔拉开，使植株逐渐适应较强的光照。

(3)肥水管理 在基肥充足的情况下，黄瓜在2月中旬之前一般不追肥。2月中旬追肥1次，每667平方米施磷酸二铵20千克，硫酸钾或氯化钾25千克；3月上旬追肥1次，每667平方米施尿素20千克;3月下旬追肥1次,施用50千克磨碎豆饼腐熟浸出液;4月中旬每667平方米施尿素10千克;5月上旬每667平方米施三元复合肥25千克。追肥方式多为顺水追肥。

追肥也可采用根外追肥。根外追肥见效快,费用低,效果明显,是节能日光温室的重要施肥方式。黄瓜定植缓苗后,每10天可用尿素或磷酸二氢钾或三元复合肥喷叶1次,上述三种肥料要交替使用,浓度均为0.2%~0.3%。

三、西 葫 芦

21. 春季栽培西葫芦怎样培育壮苗?

春季栽培西葫芦多采用育苗移栽,因育苗移栽可提早上市,增加收益。春季栽培品种可选择一窝猴、早青、黑美丽等。

西葫芦播种前应进行选种、浸种、催芽和消毒处理。选种时除去杂物、小籽、秕籽,选留饱满大粒种子,栽种 667 平方米地的用种量为 0.3 千克。选好种后,将种子放在瓦盆或其他无油污的容器中,先用凉水浸泡,然后捞起放到 50℃～55℃水中烫种,并不断搅拌,15～20 分钟后冷却至 25℃～30℃时继续浸种 4～6 小时。为减少种子病菌,捞出种子用 1%高锰酸钾溶液浸种 20～30 分钟,或用 10%磷酸三钠溶液浸种 15 分钟,捞出洗净装入湿纱布袋或瓦盆中放于 25℃条件下催芽,2～3 天后胚根长出 1 厘米左右即可播种。

西葫芦营养土的配制方法与黄瓜基本相同。播种时,将催好芽的种子直接播在装好营养土的纸袋或纸钵中,中间不分苗。也可将种子均匀地撒播在装着经消毒并浇足水的锯末或沙子的育苗盘中,待子叶展开露出真叶后及时分苗到营养钵中。西葫芦种子较大,顶土能力强,播种后覆土厚度为 2 厘米,覆土过浅易出现戴帽出土。

西葫芦幼茎易过分伸长,形成徒长苗,因此严格控制温湿度是培育壮苗的重要环节。播种后,应保持较高的温度(白天 25℃～30℃,夜间 15℃～20℃),空气相对湿度为 80%～90%,一般 3～4

天即可出苗。幼苗出齐后注意适当降低温度,开始通风,白天温度应保持20℃～25℃,夜间13℃～14℃。从第一片真叶出现到定植前的8～10天,温度应维持在白天20℃～25℃,夜间10℃～15℃。定植前8～10天要降温炼苗,白天15℃～20℃,夜间6℃～8℃;定植前2～3天,白天温度可降至6℃～8℃。苗期一般不浇水,若苗床缺水,可在晴天上午喷水后及时覆土,以防止土壤板结。

西葫芦苗龄一般为30～35天。当幼苗长至3～4片真叶,株高达15～20厘米时,即可定植。

22. 春季露地西葫芦怎样定植和管理?

西葫芦对温度的要求比其他瓜类要低些。当地温为6℃～8℃以上,气温为10℃以上时即可定植。山东各地从南到北定植时期从3月下旬至4月中旬。

定植前要施足基肥,每667平方米施优质基肥3 000～5 000千克。西葫芦可垄栽也可畦栽,垄距为70～80厘米,株距按50厘米开穴栽苗,每667平方米定植1 600～1 800株。平畦一般为1.5米宽,每畦栽2行。栽苗时多采用坐水栽苗,水渗下后扶正瓜秧。缓苗后结合浇水追催秧肥,进行中耕划锄和蹲苗。当第一瓜长到10～12厘米时,开始浇水,一般5～7天浇1次水,以保持土壤湿润。缓苗后,可每667平方米开沟施入饼肥150～200千克,或施入50～60千克的三元复合肥。瓜秧封垄后,每667平方米顺水冲施粪水1 000～1 500千克或硫酸铵10～15千克。一般定植后追肥2～3次。当第一个雌花凋谢后7～10天,瓜重达0.25～0.50千克时即可采收,以后各瓜长至1～1.5千克时收获。

23. 怎样防止西葫芦落花、化瓜?

因早春气温低,传粉的昆虫少,早熟栽培的西葫芦又往往雌花较多,雄花少,因此早春栽培西葫芦常因授粉、受精不良引起落花、化瓜。生产中为防止落花、化瓜,促进瓜的生长发育,可进行人工辅助授粉,具体做法是:在花开初期,于上午6～8时采下当日开的雄花,摘去花冠,露出雄蕊,将雄蕊放在当日开的雌花雌蕊上轻轻涂抹,即完成人工授粉。一朵雄花可以涂抹3～5朵雌花。也可以用2,4-D防止落花,具体做法是:上午用毛笔蘸取20～25毫克/千克2,4-D溶液,涂抹初开的雌花花柄处,可避免落花、化瓜,促进瓜的早熟。同时,还应注意随时去除侧芽和侧枝,以减少养分消耗,促进瓜的生长发育。

24. 节能日光温室栽培西葫芦怎样进行植株调整?

节能日光温室栽培西葫芦的植株调整有以下3种方法。

(1)吊蔓 一般大田栽培的西葫芦茎蔓均在地上匍匐生长。节能日光温室西葫芦栽培密度大,为使植株受光良好,必须吊蔓使其直立生长。吊蔓的方法很简单,将拴在铁丝上的吊绳系在西葫芦茎的基部,随着茎蔓的生长,使吊绳与茎蔓相互缠绕在一起即可。为便于管理,应使茎蔓龙头高度一致。如果生长期长,茎蔓较高,可适当放蔓。

(2)及时摘除病、残、老叶、侧芽和卷须 西葫芦叶片大,叶柄长,易互相遮光,因此应将病、残叶及下部枯黄老叶尽早摘除,以免引发病害和消耗过多养分。西葫芦以主蔓结瓜为主,因而应保持主蔓生长优势,尽早抹去侧芽。卷须生长亦消耗养分,也应尽早去除。

(3)植株更新 西葫芦在节能日光温室内栽培,生长期长,后期植株进入衰老期。若主蔓老化或生长不良,可选留1～2个侧蔓待其出现雌花后,即可将原来的主蔓剪去,以促进侧蔓结瓜。

四、西瓜、甜瓜

25. 怎样培育西瓜壮苗？

春季栽培西瓜多采用保护地育苗，常用的育苗设施为温室、温床和风障阳畦。

(1)建苗床及播种 苗床应选择地势高燥、背风向阳的地块。苗床宽1～1.5米、深12厘米、长10～15米。先将床内熟土取出，再将下层生土取出筑畦埂，然后将一半熟土与一半捣碎过筛的圈肥均匀混合，每立方米土再加入0.5千克氮磷钾复合肥均匀混合经晒熟后填入苗床内，厚度为12厘米。最好将营养土填入营养纸袋或营养钵中育苗。播种前1～2天将苗床浇透水，用刀划成10厘米×10厘米的方格，选择晴天上午播种。播种前应浸种催芽，将西瓜种子消毒后(消毒方法同西葫芦)放入30℃的水中浸泡8～12小时，然后放在25℃～30℃的温度下发芽，经过2～3天胚根露出即可播种。栽种667平方米地西瓜需要150～200克种子。播种后要立即铺好地膜，盖上农膜，夜间要加盖草苫，以保温保湿加快出苗。

(2)苗床管理 播种后，应使苗床尽量多见光，以提高苗床温度。一般上午9时揭苫，下午4时盖苫，温度应保持在28℃～30℃，经过4～5天，大部分幼苗顶土时，可揭去地膜并适当通风，使温度不超过25℃，防止幼苗徒长。从第一片真叶露出到出现3～4片真叶时，白天温度应保持25℃～27℃，夜间温度应保持15℃以上。定植前7～10天要加大通风口降温炼苗，移栽前3～5

天将覆盖物全部去掉。出苗前一般不浇水,当幼苗顶土使表土裂缝时,可填入细土防止水分蒸发。当真叶展开后,隔3～5天喷水1次,使苗床见干见湿,喷水后要及时通风降湿,以减少病害发生。移栽前1～2天苗床不要浇水,以便于起苗。经过30～35天的细心管理,瓜苗叶片鲜绿肥厚,茎秆粗壮,待苗高达6～7.5厘米、有3～4片真叶时即可定植。

26. 怎样进行西瓜的嫁接及嫁接后的管理?

枯萎病是西瓜生产的大敌,若将西瓜苗嫁接在葫芦等砧木上,可有效地防止枯萎病的发生。目前生产上广泛采用的嫁接方法是劈接法。

嫁接前先播种葫芦,经5～7天葫芦出苗时再播种西瓜。西瓜播后7～10天,子叶刚刚展开,葫芦具一片真叶时即可嫁接。嫁接时先用刀片削除葫芦生长点,使其呈平台状。然后在茎轴一侧自上而下轻轻切开长约1厘米的切口,将西瓜苗子叶节向下削成长约0.5～1厘米的楔形,插入葫芦苗的切口内,立即用嫁接夹固定或用塑料条带绑缚。随即迅速将嫁接苗栽植到营养钵(或分苗床)中,置于温室或大棚的电热温床内,排列整齐,浇足底水,上面扣小拱棚,使其保温、保湿,并适当遮光。成活期间白天温度控制在25℃,夜间控制在20℃;成活后日均温为20℃～25℃,最高温不超过32℃,最低温不低于15℃。自嫁接苗放入苗床封棚后,3～6天内应严格密封。一般经3天接口愈合,7天完全成活。为防止成活期间接穗失水萎蔫,封棚后棚内相对湿度应保持100%,以薄膜内壁可看到水珠为宜。嫁接苗成活后可通风降湿。封棚的头3天要用草苫昼夜覆盖拱棚遮光,只能透少许散射光,3天后可陆续增大见光量。封棚6天后开始通风换气,使成活的嫁接苗适应正常的苗床环境。一般插接苗10～12天后可判断是否成活。

27. 怎样进行特早熟西瓜双膜覆盖栽培？

西瓜双膜覆盖栽培是北方地区近年来推广较快的一种高效益西瓜早熟栽培方式。用 0.008～0.015 毫米厚的地膜覆盖瓜垄，将瓜苗定植在瓜垄上，再用细竹竿或竹片做成小棚拱架，在棚架上覆盖 0.1 毫米厚的农用薄膜，即成双膜覆盖。双膜覆盖西瓜收获期可提前到 5 月下旬至 6 月上旬，比露地西瓜早上市 40 天左右。

西瓜双膜覆盖栽培必须提早育大苗。华北地区一般于 2 月中下旬播种，苗龄 1 个月左右。此时气温低，应采用温室、大棚或保护地育苗，苗期应加强通风炼苗，控制浇水。幼苗定植一般在 3 月中下旬进行。幼苗定植后，前期应防止风刮坏小棚棚膜，后期应防止棚内高温烤苗，随时注意通风通气。当外界气温稳定在 18℃时，可撤去拱棚棚膜。小棚覆盖期内，棚内昆虫传粉条件差，必须采用人工辅助授粉，保证坐住果。

由于双膜覆盖的西瓜头茬瓜收得早，如果加强头茬瓜采收前后的肥水管理及病虫害防治，可收获二茬瓜。华北地区有经验的瓜农通常能获得双膜覆盖西瓜"一种二收"的好效果。

28. 怎样施肥才能使西瓜个大味甜？

要种植西瓜获得高产优质，首先要保证有充足的肥料，再就是各种肥料要有合理的配比。西瓜的生长期较长，生长量大，种植前瓜田应施入充足的基肥：每 667 平方米施饼肥 40～50 千克或大粪干 1～1.5 吨或土杂肥 5 吨，加上草木灰 100～150 千克。饼肥和大粪干应集中施于瓜沟内。

除基肥外，在西瓜生长期间还应追肥多次。西瓜追肥以速效肥料为主，主要有提苗肥、催蔓肥和膨瓜肥。提苗肥一般在瓜苗具

2～4片叶时施用,用肥量较小,一般每株施尿素20克左右,在距幼苗15厘米处开一浅沟,施入化肥后盖好,接着浇小水。对长势差的幼苗应加大施肥量。催蔓肥是在西瓜抽蔓后施用。西瓜蔓的生长和花的形成,不但要有大量氮肥,还需要大量磷、钾肥,所以这次追肥要求成分全,数量多,肥效长。具体追肥方法是:在西瓜苗地中间开一条深10厘米、宽10厘米、长40～50厘米的追肥沟,撒施100～150克豆饼或500～1 000克大粪干等优质肥料,用瓜铲将肥与土拌匀,封沟踩实。如追施化肥,每667平方米可施硫酸铵18～20千克、过磷酸钙25～30千克、硫酸钾8～10千克(注意不要施氯化钾,因西瓜是忌氯作物)。施肥后要及时浇水。膨瓜肥一般分2次追施,第一次是在瓜坐住后(瓜约鸡蛋大小时),在植株一侧距根部30～40厘米处与瓜沟平行开一浅沟,每667平方米施入尿素10～15千克、硫酸钾5～7.5千克。第二次是在瓜长至碗口大小时(直径约15厘米),在植株另一侧距瓜根部30～40厘米处开沟追肥,每667平方米追施尿素5～7千克、过磷酸钙3～4千克、硫酸钾2.5～3千克。此外,在西瓜生长期间,可结合防治病虫害,在药液中加入0.2%尿素或磷酸二氢钾,作为根外追肥。

西瓜施肥应注重氮磷钾三要素的配合。目前生产上存在着偏施氮肥,不施或很少施磷、钾肥的现象,导致西瓜产量低,品质下降。氮、磷、钾配合施肥可明显提高西瓜的抗病性,提高西瓜的产量和品质。我国传统的西瓜栽培,对肥料种类十分讲究,认为施用饼肥(豆饼、麻渣饼、花生饼等)的西瓜质地细、甜味浓,施用粪肥的次之,单纯施用化肥尤其单纯施用氮肥的,西瓜品质最差。这是非常有道理的,因饼肥中除含氮外,还含有丰富的磷、钾及少量的钙、镁、铁、硫和多种微量元素。所以在生产中除施用氮肥外,还要注意配合施用磷、钾肥,才能使西瓜个大、味甜、高产、优质。

29. 种植西瓜常用哪些饼肥？怎样施用饼肥？

饼肥是西瓜生产中传统的优质肥料，北方地区使用较多的饼肥有大豆饼、花生饼、芝麻饼等。饼肥属细肥，养分含量较高，一般含氮3%～7%、磷1%～3%、钾1%～2%以及少量的钙、镁、铁、硫和微量的锌、锰、铜、钼、硼等，其中大豆饼含氮7%、磷1.32%、钾2.13%；花生饼含氮6.32%、磷1.17%、钾1.34%；芝麻饼含氮5.8%、磷3%、钾1.3%。饼肥肥效持久，对土壤无不良影响。西瓜施用饼肥，对提高产量特别是改进品质有较显著的作用。

饼肥可作西瓜基肥，也可作追肥施用。作基肥时，将饼肥碾碎后即可施用；作追肥时，必须经过发酵腐熟，才能有利于西瓜根系尽快地吸收利用。饼肥一般采用与堆肥或猪粪混合堆积的方法，或者粉碎后用清水浸泡10～15天，待发酵后施用。饼肥作基肥时，可以沟施，也可以穴施。如施用量大时，可将1/3用于沟施，2/3用于穴施；施用量较小时，应全部穴施。沟施应在定植或播种前20天左右施入瓜沟中，深度为25厘米左右。穴施就是按株沿着行向分别挖深15厘米、直径15厘米的小穴，每穴施入饼肥100克左右，和土壤均匀掺和，再盖土2～3厘米。饼肥较少时，也常常与其他肥料混合施用。用饼肥作追肥，宜早施不宜迟施，一般当西瓜苗团棵后即可追施。如追施过晚，饼肥肥效尚未充分发挥出来，西瓜却到了成熟季节；追施过早，饼肥肥效便主要供西瓜蔓叶生长之需，而当西瓜膨瓜需要大量肥料时，饼肥的肥效已过。饼肥的追施方法，一般是沿西瓜行向，在西瓜植株的一侧距根部约25厘米处开一条深、宽各10厘米的追肥沟，沿沟撒上100克豆饼或150克花生饼，与土拌匀，盖上2～3厘米的土，封严踩实即可。

30. 为何要给西瓜整枝压蔓？种植西瓜应怎样留瓜？

西瓜植株容易发杈,如任其生长则侧枝过多,将耗费大量养分,影响瓜的生长,引起瓜落、生长慢、个头小、上市晚、品质差等不良后果,所以栽培西瓜要采取整枝、压蔓等植株调整措施。西瓜整枝方式主要有单蔓整枝、双蔓整枝、三蔓整枝三种形式。单蔓整枝是只留一个主蔓,其余侧枝均去掉;双蔓整枝是一主一副,即除留主枝和在瓜秧基部留一健壮侧蔓外,其余侧枝均去掉;三蔓整枝是一主二副,即除留主蔓和在瓜秧基部留两条健壮侧蔓外,其余侧枝均去掉。目前我国南北各地多采用双蔓整枝和三蔓整枝,即双蔓留 1 个瓜或三蔓留 1～2 个瓜。华北生态型的西瓜品种对整枝要求严格,所以应尽早进行整枝、打杈。压蔓是北方瓜农常用的一项管理措施。压蔓可使瓜蔓均匀分布于田间,充分利用光照,还可起到防风的作用。此外,压蔓还可以调节营养生长和生殖生长的关系,促进果实生长,同时还可以使瓜蔓茎节处产生不定根,增加吸收面积。西瓜压蔓方法有明压和暗压两种。明压是用土块或树枝等将蔓固定于地面一定的位置,一般每隔 20～30 厘米压一处;暗压一般先开浅沟,将蔓放入沟内,然后填土压实,注意不要将叶片压入沟内。

西瓜一般每株留 1 个瓜,三蔓整枝可以留 2 个瓜。留瓜的节位与果实生长及上市早晚有直接关系。主蔓第一朵雌花结的瓜个小且不圆、皮厚、生长慢、产量低。若留花过晚,则上市晚,影响经济效益。生产上多留第二、第三朵雌花坐瓜,早熟品种一般留第二朵雌花,其次是留第一、第三朵雌花;中晚熟品种一般留第三朵雌花,其次是留第二、第四朵雌花。

31. 支架栽培西瓜有哪些优点？怎样进行西瓜支架栽培？

栽培西瓜的传统方法均采用爬地栽培。随着西瓜栽培集约化程度的提高，支架栽培西瓜的面积逐渐扩大。西瓜采用支架栽培，可以充分利用空间，增加密度，提高土地利用率，减少病虫害发生，提高单位面积产量，改进西瓜品质，提高经济效益。

西瓜是喜光作物，支架方式、支架高度、架材选用及整枝都应以减少遮荫、改善通风透光条件为前提。

支架方式可选用篱笆架、人字架或塑料绳吊架。篱笆架就是将竹竿或树条按一定距离绑成稀疏的篱笆状直立架，让西瓜蔓沿直立架生长、结瓜。此种架型透风透光好，便于管理，但牢固性差，不太抗风。人字架是将竹竿或树条按株、行距交叉绑成“人”字形，让瓜蔓沿“人”字形斜架生长、结瓜。此架型结构简单，牢固抗风，适于双行定植的西瓜，但透风性、透光性不如篱笆架，操作管理也不如篱笆架方便。塑料绳吊架是在温室或大棚内栽培西瓜时采用的支架方式，将塑料绳拴在温室或大棚的骨架上，让西瓜蔓沿塑料绳生长、结瓜。此架型通风透光好、成本低，但只适于保护地内使用。

支架材料可选用竹竿、细木棍、树枝等。立杆要选用较直立、长 1.2～1.5 米、径粗 3～4 厘米的竹竿或木棍，插地一端要削尖。其他细长的材料可作横拉杆、腰杆等。

搭支架应在西瓜蔓长到 15～20 厘米时进行。搭篱笆架时，要先插立杆，立杆沿西瓜行等距离垂直插入土中，可每隔 2～3 棵苗插 1 根立杆。立杆应距瓜苗根部 25 厘米，入土深度为 15～25 厘米。每个瓜畦的两行立杆要平行排列，使其纵成对、横成行，高矮一致。在每行立杆的上、中、下部各绑 1 道横杆，就形成了篱笆架。

架人字架时,在每个瓜畦的两行瓜苗中,每隔2～3株相对斜插两根1.5米长的竹竿,使上端交叉呈“人”字形,两根竹竿底部相距65～75厘米,再用较粗的竹竿作横杆绑紧作上端横梁。最后,在“人”字架两侧,沿瓜苗行向,距地面约50厘米处各绑一道横杆(腰杆)。

上架绑蔓是支架栽培西瓜重要的管理工作。当瓜蔓长到60～70厘米时,应陆续上架绑蔓。绑蔓方式应根据支架高低、瓜蔓多少及长短而定。当支架较高、瓜蔓较少时,可采用“S”形绑蔓方式,使瓜蔓沿架材呈“S”形曲线上升,每隔30～50厘米绑1道,并将坐瓜部位的瓜蔓绑在横杆上,以便将来吊瓜。当支架较低瓜蔓较多时,可采用“之”字形绑蔓。

当幼瓜长到0.5千克左右时,就开始吊瓜。吊瓜前应预先准备好吊瓜用的草圈和吊带,吊瓜时先将幼瓜放在草圈上,然后将草圈上的3根吊带均匀分布挂在支架上。

32. 无籽西瓜的栽培有哪些特点?

生产上栽培的无籽西瓜均为三倍体。三倍体西瓜是以四倍体为母本,二倍体普通西瓜为父本杂交而获得三倍体种子而形成的。三倍体种子长出的果实只有未发育的白色的像嫩黄瓜籽大小的种皮,这种西瓜称无籽西瓜。无籽西瓜以其高产、抗病、含糖量高、风味好而深受消费者欢迎。

无籽西瓜在栽培上与普通西瓜有所不同,具有以下特点:

(1)破籽催芽 无籽西瓜种皮厚,必须破壳才能顺利发芽。首先将种子浸泡8～10小时,然后用嘴嗑开小口再进行催芽。

(2)及早育苗 无籽西瓜幼苗生长慢,须提早育苗。可采用温床育苗,比普通西瓜提早播种3～5天。

(3)催芽及育苗温度要高 无籽西瓜种子比普通西瓜种子发

芽要求的温度要高 3℃～5℃，催芽温度以 32℃～35℃为宜。育苗温度也比普通西瓜高 3℃～4℃，因此应加强苗床的温度管理。

(4)增施肥料 无籽西瓜伸蔓后，根系发达，生长旺盛，需肥量多。定植前每 667 平方米需施入土杂肥 4 000～5 000 千克、过磷酸钙 40～50 千克。追肥分三次施，共施入饼肥 60～80 千克、硫酸铵 50 千克或尿素 30 千克、硫酸钾 25 千克。

(5)间种普通西瓜 由于无籽西瓜的花粉无繁殖能力，不能授粉，所以单独种植不易坐果，因此生产上一般应种植 3～4 行无籽西瓜间种 1 行普通西瓜作为授粉株。

(6)高节位留瓜 无籽西瓜一般留选主蔓上第三朵雌花坐瓜，若留瓜节位过低，则果实小，果形不正，果皮厚，且容易空心裂果。

33. 甜瓜嫁接选用什么砧木为好？

普通甜瓜嫁接用的砧木以南瓜为主，常用的南瓜品种为亲和力强的新土佐南瓜。此南瓜品种在干燥、黏重的旱地具有稳定的生长势，且坐果性强、产量高。网纹露地甜瓜在低温期以较耐低温的新土佐南瓜为砧木，在高温期以生长势稳定的葫芦为砧木。冬季栽培甜瓜用生长势较强的冬瓜作砧木为好。甜瓜的嫁接方法可参照西瓜的嫁接方法。

34. 怎样进行洋香瓜的播种和育苗？

洋香瓜播种前种子首先要经过消毒处理，然后在 30℃的温水中浸种 6～8 小时，在 25℃～30℃条件下催芽，待胚根露出即可播种到营养钵或营养纸袋中，每袋播一个芽。播种时，育苗设施内温度应达到 15℃以上，播种的前一天育苗袋内应充分浇水。

洋香瓜育苗培养土配制比例为 1 份厩肥，2 份土壤。每立方米培养土中加氮磷钾三元复合肥(15—15—15)1千克、50%多菌灵可湿性粉剂80克,混匀后装入营养钵或育苗袋备用。

播种后育苗畦上要加盖小拱棚防寒、保湿和防雨。出苗前,白天气温应保持在28℃～32℃,夜间保持17℃～20℃;出苗后白天气温应保持在22℃～25℃,夜间保持15℃～17℃;第一片真叶露出后白天气温应保持在25℃～28℃,高于30℃时要进行通风。为减少蚜虫为害,白天应在小拱棚外加盖透光尼龙纱网。苗期浇水以少浇为原则,尤其在温度低于10℃时更应控制浇水。

洋香瓜用苗龄为20～30天、带3～4片真叶的大苗定植为好。定植时应带土坨栽植,栽植时以土坨与地面齐平为宜。定植后畦沟应充分灌水,以利于成活。

35. 甜瓜优质高产栽培技术的关键是什么?

(1)品种选择 不同类型的甜瓜对环境的要求不同,薄皮甜瓜对环境要求不严,南、北方均可种植;厚皮甜瓜对环境要求很严,适应种植的范围窄,如厚皮甜瓜中的哈密瓜、白兰瓜、黄河蜜等只限于在当地栽培。国外有些厚皮甜瓜品种,如美国的粗皮甜瓜及日本的厚、薄皮甜瓜杂交一代极早熟品种,耐湿抗病性较强,可在华北进行露地或保护地栽培。薄皮甜瓜因不耐贮运,多为当地产当地销售。种植品种应根据各地生产情况及市场需要确定。

(2)栽培制度 甜瓜喜温耐热,栽培季节为春播夏收。甜瓜忌连作,因连作易导致枯萎病等病害的发生,一般轮作时间约5年以上。薄皮甜瓜生育期较短,是大田农区与粮、棉、油作物间套作的理想作物,如与冬小麦或棉花套种等。

(3)整地、播种、保苗 甜瓜根系较发达,耐旱不耐湿,应选择土层深厚的沙质壤土栽培为宜。整地包括耕翻、施基肥、做畦等一系列播前准备。耕翻一般分冬、春两次,冬前深耕,开春土壤化冻后进行耙耢。甜瓜施肥主要为基肥，基肥可分 2 次施：一次是普施，即在春耕前全面撒施；另一次是集中施，在播种前施于播种穴内。施好基肥后，可做畦铺地膜，做畦方式因地而异。由于华北、东北地区甜瓜生育前期干旱，生育后期降雨多，所以常做成低垄平畦。

因甜瓜不耐寒，遇霜即死，所以小苗出土时间应安排在霜期过后。华北地区一般于 4 月中下旬直播，或在晚霜过后育苗移栽。北方露地直播常采用浅播深盖加小湿土堆，当幼苗即将伸出地面时，扒去小土堆，这样既解决了保温保墒的矛盾，又可加快出苗。若是采用地膜加小拱棚双层覆盖栽培，可比露地提早 10 天左右播种或定植。

(4)整枝摘心 由于甜瓜结果以孙蔓为主，子蔓结果少，主蔓结果更少，所以大部分品种应进行主侧蔓摘心，采用双蔓式或多蔓式整枝方式。双蔓式整枝是目前各地厚皮、薄皮甜瓜生产上广泛采用的整枝方式。一般薄皮甜瓜品种与哈密瓜中晚熟品种多用此法。当幼苗出现 3～5 片真叶时，打顶摘心，子蔓伸出后选留 2 根健壮子蔓，其余子蔓全部摘除。

(5)成熟采收 甜瓜果实的成熟度与其商品质量有直接关系，因此鉴别甜瓜成熟度十分重要。目前甜瓜成熟度的鉴别有以下五种方法：一是计算果实发育天数。薄皮甜瓜的发育天数为 25～35 天，厚皮甜瓜的早熟品种为 35～40 天，中熟品种为 45～50 天，晚熟品种为 65～70 天。二是观察果实外观。一般甜瓜果实充分成熟时完全变色，显现出品种固有的颜色。三是用手指轻按果脐一端，果面开始发软者为熟瓜。四是用鼻子闻果实脐部，具浓香味者为熟瓜。五是有些品种果实成熟时，果柄处产生离层自然脱落，即所谓瓜熟蒂落。

五、节瓜、苦瓜、佛手瓜

36. 怎样种植节瓜?

节瓜也叫毛瓜,是冬瓜属的一个变种。节瓜肉柔软、清淡,嫩瓜和老瓜均可食用,单瓜重一般为250～500克,非常适合家庭食用,是夏秋季节不可缺少的蔬菜品种。

节瓜喜温耐热,华北地区从4月下旬至7月上旬均可露地种植。如育苗移栽,可在3月下旬至4月上旬用苗床播种。

(1)品种选择 北方地区较受消费者欢迎的节瓜品种有黑毛种、仔鲤鱼和七星仔,每667平方米用种量为100～150克。

(2)育苗 播种前应进行浸种催芽。先将种子放入50℃温水中浸泡15～20分钟,再用30℃左右的温水浸种4～5小时,而后置于30℃条件下催芽1～2天,当大部分种子露出胚根即可播种于苗床或营养土方中。如果苗床温度能保持在25℃左右,经5～7天即可出苗,当幼苗有4～6片真叶时定植。

(3)做畦、施肥、灌溉 节瓜多采用平畦栽培,畦宽为170厘米,每畦种2行,株距35～40厘米,每667平方米种2 000～2 500株。节瓜产量高,需肥量大,应施足基肥,每667平方米用1 500千克腐熟猪粪或鸡粪或牛粪作基肥最好。从定植到雌花出现前这段时间应控制肥水,第一个雌花坐果后及时追肥灌水,盛瓜期追施速效氮肥,并应保持土壤湿润。

(4)搭架、引蔓 节瓜茎蔓长,但攀缘力弱,栽培中需人工搭架引蔓。当蔓长到30～35厘米时,就地压蔓,以增大根系吸收面积,而后引蔓上架。主蔓结瓜前应去掉所有侧蔓，结瓜后选留中部以上侧蔓，以增加后期产量。

(5)采收及留种　节瓜一般在花后7～10天、瓜重250～500克时采收，采收宜早不宜晚。宜选用具有本品种特性，第一个雌花节位低，且雌花多、无病虫侵害的植株作种株，选第二、第三个果作种瓜，待其充分成熟后采收。

37. 怎样种好苦瓜？

苦瓜原产于东印度及亚洲热带地区。其喜温，耐热不耐寒，喜光不耐阴，喜湿不耐涝，北方地区多在夏季栽培。

苦瓜品种多集中于华南地区，北方栽培品种多从南方引进，主要品种有长白苦瓜、白苦瓜、大顶苦瓜、滑身苦瓜等。

苦瓜一般于3月下旬至4月上旬在保护地育苗，每667平方米需种子250～400克，用温水浸种24小时，在30℃条件下催芽2～3天，待种子露出胚根即可播种（苦瓜苗期管理方法请参照节瓜）。

当苦瓜幼苗长至4～6片真叶时，于4月下旬至5月上旬定植。苦瓜喜肥，定植前每667平方米施腐熟猪、牛粪或鸡粪1 000～1 500千克，耕翻土地整平后做畦，畦宽150～160厘米，每畦栽2行。露地定植要选晴暖天气，定植后浇透水，缓苗后搭架，架形同黄瓜架。苦瓜定植后到结瓜前应保持土壤湿润，轻施氮肥。结果期需大水大肥，以氮肥为主，每5～7天施1次。盛果期后增施1～2次过磷酸钙，以延长结果期。苦瓜引蔓、压蔓同节瓜。生长盛期要摘去部分侧蔓，以充分发挥主蔓结果优势。苦瓜一般在开花2周后即可采收。

保护地栽培苦瓜一般选用白皮苦瓜和大顶苦瓜。大棚栽培一般于2月中下旬育苗，3月中下旬定植。保护地栽培田间管理同露地栽培,但要注意摘除过密侧枝,以利于透光。夏季应注意通风、防治蚜虫。

38. 怎样种植佛手瓜?怎样进行佛手瓜与其他蔬菜的间作套种?

佛手瓜育苗须整瓜播种。山东省一般于1月下旬至2月中旬在室内催芽,催芽适温为15℃～20℃。2月下旬至3月上旬将催出芽的种瓜种于花盆或塑料袋内,将瓜顶朝上竖放,上覆4～6厘米厚的细土,进行育苗。育苗期间温度应保持在20℃～25℃。佛手瓜一般于晚霜过后定植于露地,山东地区多于4月下旬至5月上旬定植到露地。大棚栽培可于3月上中旬定植。定植前要挖长、宽、深各1米的栽植坑,每坑施腐熟优质圈肥100～200千克,与坑田土充分混合后填入坑内,上面覆盖20厘米的田土,踩实备用。定植时,将瓜苗带土坨放入坑中,土坨与地面平,然后填土埋实。定植后浇水,以促进缓苗。一般每667平方米可栽20～30株。佛手瓜分枝力强,定植缓苗后侧蔓生长迅速,因此应及时去掉多余侧蔓。一般在瓜蔓爬上架前留2～3个侧蔓即可,上架后不再打侧蔓,任其生长。缓苗后要多次中耕、松土,以促进根系生长。越夏期间应多浇水,保持土壤湿润。进入秋季后,植株生长加快,应肥水齐攻,促其多发侧蔓,多结瓜。佛手瓜开花结果比较集中,从白露到霜降有40～50天的结瓜期。佛手瓜要及时采摘,以减轻植株负担。为提高产量,应尽量延长采收期,但必须在霜冻前采收完。一般每株佛手瓜可采瓜200～600个,每667平方米产量达3 000～5 000千克。

生产上为了增加佛手瓜的复种指数,提高经济效益,往往将佛手瓜与其他蔬菜实行间作套种,主要有以下几种方式。

(1)大蒜、洋葱地套种佛手瓜 大蒜、洋葱按常规种植,4月中下旬在畦背上套种佛手瓜苗，每 667 平方米套种 20～25 株。每 667 平方米产大蒜 4 500 千克、洋葱 4 500～5 000 千克、佛手瓜 3 000～3 500 千克。

(2)春架豆套种佛手瓜 架豆按当地常规种植，终霜后在架豆畦背上套种佛手瓜苗，每 667 平方米套种 25～30 株。待架豆采收后，佛手瓜的瓜秧攀缘豆架生长，从而提高了架材利用率。按目前价格(下同)，架豆 667 平方米产值达 2 500～3 000 元、佛手瓜达 2 000～2 500 元。

(3)利用日光温室和塑料棚间种佛手瓜 这是目前种植面积最大而且收入最高的一种方式。大棚、温室中的蔬菜多为番茄、黄瓜、辣椒、西葫芦等。佛手瓜苗可与棚内作物同时定植，或略晚 7～10 天定植，每 667 平方米栽 15～20 株。佛手瓜苗前期生长缓慢，到 7 月中旬后生长迅速，此时恰值棚内蔬菜作物采收高峰已过，正处于去膜、拉秧阶段，可将佛手瓜秧引向棚架和支架上继续生长。夏季过后，佛手瓜植株布满棚架，如能加强肥水管理，可于秋末开花结果。佛手瓜收获后，可继续种植下一茬喜温菜。这样，可大大提高土地利用率。佛手瓜苗在保护地条件下生长发育速度较快，每 667 平方米产值可达 2 500～3 000 元。

六、番　茄

39. 怎样培育露地春番茄壮苗？怎样栽植春番茄？

培育适龄壮苗是实现春季露地番茄抗病、丰产的一个重要环节。露地春番茄一般采用阳畦育苗，播期为2月上中旬，适宜苗龄为60～70天。阳畦在播种前5～7天需覆盖塑料薄膜，夜间加盖苇毛苫进行"烤畦"。播种前3～5天，用50℃～55℃的温水浸种(番茄病毒病严重的地区，应先用10%磷酸三钠浸种20分钟，洗净药液后再用温水浸种)，并要不断搅拌，待水温降到30℃时停止搅拌，再浸泡3～4小时。将种子捞出摊开晾一晾，再用洁净湿布包好，置于25℃～30℃条件下催芽3～4天，待多数种子露尖后即可播种。

播种前将畦上的塑料薄膜掀开，浇足底水，水渗后将种子掺上细湿土均匀撒播。每平方米用种子3.5～4.5克，其苗数可供1～2个标准畦(33.35～66.7平方米)栽植。播种后盖1.5厘米厚的细土，将塑料薄膜封严，出苗前一般不通风，畦温以25℃～30℃为宜。大部分种子出苗后要及时通风降温，白天温度以20℃左右为宜，夜间以12℃～15℃为宜，避免畦温过高引起秧苗徒长。当秧苗第一片真叶显露后，白天畦温应控制在20℃～25℃。分苗前3～4天再适当降低温度炼苗，白天温度为20℃左右。

春番茄秧苗在出现2～3片真叶期分苗，分苗宜选择晴暖天气，阳畦可作分苗畦。分苗畦苗距一般为10厘米×10厘米，采用水稳苗法分苗，也可直接分苗于营养钵中。分苗后严密覆盖塑料薄膜，如果中午阳光过强，秧苗发生萎蔫时，可适当覆盖草苫搭花荫，下午揭开。分苗 4～5 天后，秧苗恢复生长，应适时通风防止徒长。分苗缓苗后至浇水切块前，白天畦温可控制在 20℃～25℃，夜间 12℃～15℃。定植前 10～12 天，选好天气浇水切块，并逐渐加大通风进行低温锻炼（白天畦温为 20℃左右，夜间为 10℃～13℃），使其适应定植后的环境。

番茄适龄壮苗的形态特征是：秧苗粗壮，直立挺拔，第一个花序现蕾，叶色深绿，茎、叶上茸毛较多，秧苗顶部稍平而不突出，根系发达。

栽植番茄以选择有机质丰富、耕层深、结构好、疏松透气的壤土为宜。春番茄露地栽培宜选用冬闲地，最好冬前每 667 平方米施 5 000 千克优质圈肥，深翻 30 厘米。如果利用越冬菜或春小菜为前茬种植春番茄时，倒茬后也必须增施圈肥等农家肥，经深翻晾晒数日后再整平耙细。实践证明，春季露地栽培番茄，以充足的农家肥作基肥，生育期间适当增施磷、钾肥，控制氮素化肥的施用，能减轻番茄病毒病的发生。

露地春番茄一般应在晚霜过后定植，山东省大多在 4 月中下旬定植。定植畦的宽度和株行距因品种和栽培方式不同而异。种植矮秧早熟品种时，一般多做成 1.5 米宽的畦；种植中晚熟品种时，多做成 1.1～1.2 米宽的畦。若计划采用地膜覆盖时，也可以做成垄高 10 厘米、宽 60 厘米的半高垄，垄沟宽 40 厘米。

实行合理密植是获得春番茄增产的重要因素。采用矮秧早熟品种时，1.5 米宽的畦一般栽 4 行，株距 30 厘米，每 667 平方米栽 6 000～7 000 株；高秧中晚熟品种，1.1～1.2 米宽的畦栽 2 行，株距 30 厘米，每 667 平方米栽 3 700～4 000 株。幅距 1 米的半高垄，一般栽两行，株距 25～30 厘米，每栽 4 000～5 000 株。定植时，先在畦内或半高垄上开沟，沟深 15 厘米、宽 15～20 厘米。开沟后,每667平方米撒施250千克捣碎的腐熟大粪干或100千克捣碎的腐熟饼肥。番茄喜磷肥,每667平方米可同时撒施30～40千克过磷酸钙。施肥后搂一遍,使土和粪肥混合,栽植深度以秧苗所带土坨表面略低于畦面为宜;若秧苗已徒长,可埋住茎基部,略弯曲栽植,覆土后随即浇水。

40. 露地春番茄开花结果期怎样管理?

番茄开花结果期是其产品器官形成的重要时期,此期的生长直接影响到番茄的产量、品质及经济效益。

露地春番茄4月中旬至5月中旬开始开花坐果。春季常出现低温天气,影响番茄授粉、受精而造成落花落果,可用15～20毫克/千克2,4-D药液涂抹花梗或柱头,或用25～30毫克/千克的防落素药液蘸花或喷花。为协调茎叶生长和开花结果的关系,在始花结果期内要控制浇水,多中耕。第一穗果如核桃大时进行第一次追肥,每667平方米施氮磷钾复合肥25～30千克,或腐熟人粪尿500～800千克。第一穗果采收后进行第二次追肥,每667平方米可冲施500千克腐熟人粪尿或15千克硫酸铵。栽培中晚熟品种时,若地力较差,可在第二穗果采收后进行第三次追肥,每667平方米施硫酸铵10～15千克。

番茄在整个生育期内需水量较大,结果期内最适宜的土壤湿度为75%～90%。第一次追肥以后,随着外界温度的升高及植株耗水量的增大,应增加浇水次数,每4～5天浇1次水。番茄不耐湿涝,浇水时应避免田间积水,下大雨要注意及时排水。

41. 番茄秋延迟栽培要抓好哪些环节?

番茄秋延迟栽培是指夏季播种育苗,9月上旬定植,10月初用阳畦、大棚或温室进行保护地栽培的一茬番茄。番茄秋延迟栽培一般在11月中旬至12月上旬收获，经一段时间的贮藏后，于新年或春节供应市场，能取得较高的经济效益。秋延迟栽培番茄温度前期高后期低，植株长势弱，易感病毒病。要栽培好秋延迟番茄，必须抓好以下环节。

(1)选择适宜品种　应选择适应性强、抗病、丰产的品种。

(2)培育壮苗　适宜的播期对番茄秋延迟栽培很重要。山东各地适宜播期为7月底至8月初。播种前3～4天，用10%磷酸三钠浸种20分钟进行消毒，用清水洗净消毒液后，再用30℃温水浸种3小时，置于室温下催芽，出芽后播于准备好的育苗畦内，苗畦周围用竹竿搭成凉棚架，一般于晴天上午10时至下午3时覆盖草帘遮荫降温。出苗后要及时间苗，每5～7天喷1次6%百部·楝·烟乳油800～1 000倍液，或10%吡虫啉可湿性粉剂1 000倍液，或25%噻虫嗪水分散粒剂2 500～3 000倍液，或40%啶虫脒水分散粒剂1 000～2 000倍液喷雾，以防治蚜虫。在番茄秧出现2～3片真叶时分苗，苗距12～13厘米。缓苗期间，中午前后搭荫棚。定植前4～5天浇水切块，带土坨定植。

(3)定植与管理　定植期为8月下旬至9月上旬。定植前几天施足基肥，做成1.5米宽的畦，每畦栽4行，株距30厘米，栽后浇水，缓苗后划锄中耕。9月中旬后，夜间温度偏低，不利于番茄授粉受精，可用15～20毫克/千克2,4-D涂花，或用20～30毫克/千克防落素喷花。

(4)适时覆盖防寒　秋季气温渐低，应及时覆盖番茄畦，以保持适宜温度。9月下旬至10月初，在番茄畦的北面、东面、西面打畦墙，做成阳畦畦框；9月底至10月初，番茄畦夜间覆盖塑料薄膜，白天揭开。霜降后，白天覆盖塑料薄膜，夜间加盖苇毛苫。用塑料大棚或温室进行秋延迟栽培的番茄，可直接定植于棚内，10月中下旬扣棚。

第一穗果坐住后即开始追肥,每667平方米施氮磷钾复合肥20千克,随后浇水。覆盖薄膜后畦内湿度大,易发生病害,除晴天通风排湿外,可喷百菌清可湿性粉剂600～800倍液。

12月上旬,天气寒冷,应将全部果实采收分级后包装贮存,贮存温度不能低于8℃。

42. 怎样进行番茄植株调整?

番茄植株生长旺盛,如任其生长,则侧枝丛生,结果少且小,产量低,品质差。为使番茄植株养分集中供应果实生长所需,减少养分浪费,生产上广泛采用植株调整措施。植株调整的主要内容有整枝、打杈、疏花疏果、摘心和去老叶等。

(1)整枝 整枝是对番茄结果枝条的整理。整枝多采用单干、双干、改良单干三种方法。单干整枝只保留一个主枝结果,其余侧枝全部去除;双干整枝是除留主干外,还留第一穗果下方的一侧枝,其余侧枝去掉;改良单干整枝除留主干外,还留第一穗果下方的一侧枝,此侧枝结一穗果后,果上部留二叶,去掉顶尖。一般早熟品种多采用单干整枝,中晚熟品种多采用双干整枝或改良单干整枝。

(2)打杈 打杈即去掉多余侧枝,这样做有利于通风透光,合理利用养分。打杈应及早开始,经常进行。

(3)疏花疏果 番茄为聚伞花序或总状花序,每穗花、果数较多,如生长条件好,坐果就多。生产上为使果实快速生长、个大,同时为了早上市和集中收获,常进行疏花或疏果。每穗花坐果后,将畸形果及长势差的小果去掉,留3～5个果实即可。番茄一般不疏花,但畸形花应及早去掉。

(4)摘心 摘心是调节植株营养生长和生殖生长的重要措施。及时摘心可以控制植株顶端生长,使养分集中供应果实生长所需。

无限生长型的番茄品种作为早熟栽培的留 2～3 穗果后，作为中晚熟栽培的在留 4～6 穗果后，在最后留的一穗果上部留 2～3 片叶，去掉生长点，这种做法称为“摘心”。

(5) 去老叶 在番茄生长的中后期，植株下部叶片进入衰老阶段，既消耗养分，又影响植株通风透光，也易感染和传播病害，因此应及时去掉这部分老叶。去老叶一般在第一穗果采收后进行。

43. 怎样减少番茄落花落果？

早春及酷暑季节栽培番茄，常出现落花落果现象而影响早熟及产量。番茄落花落果的原因主要有两个：一是由外界气候条件不适造成的。如温度过高过低，空气湿度过大过小，阴天多雨，光照不足等都会造成落花落果。二是由栽培管理不当造成的。如定植时秧苗过大，植伤过重，浇水不均匀，土壤忽干忽湿，花朵水分失调，花柄处形成离层，水肥不足等原因，都会造成营养不良性落花。

防止番茄落花落果可采取以下两个措施：一是采取农业综合防止措施。如培育壮苗，适时定植，避免低温；及时整枝、打杈，防止植株徒长；及时追肥、浇水，防治病虫害和机械损伤。二是施用植物生长调节剂，常用的有番茄灵(PCPA)和 2,4-D。施用番茄灵的适宜浓度为 25～50 毫克/千克，一般于花期喷施于花器，每序花一般喷 2～3 次。施 2,4-D 的适宜浓度为 15～20 毫克/千克，于花期涂抹于花梗离层处或花的柱头上。

44. 什么是樱桃番茄？怎样种植樱桃番茄？

樱桃番茄是指果实直径为 2～3 厘米的小型番茄。樱桃番茄果实形状玲珑可爱，营养价值高且风味独特，具有食用和观赏双重价值，所以深受宾馆、饭店及广大消费者的青睐。

樱桃番茄生育适温为24℃～31℃,比一般番茄耐热。喜较强光照及土层深厚的壤土或砂壤土。

目前我国大陆栽培的樱桃番茄品种均从我国台湾省以及荷兰、日本引进,主要栽培品种有荷兰的樱桃红、我国台湾省的红娘、日本的黄洋梨及我国的美味等。

樱桃番茄的栽培方法和普通番茄基本相同。由于其果实小,数量多,无限生长型番茄一般长势都较旺,栽植时适当加大株行距,栽植密度为每667平方米栽2 500株左右。栽培中为增加坐果数,使果型小且均匀,多采用双干整枝,其余侧枝去掉。为使果实着色好,含糖量高,应多施磷肥。

樱桃番茄的含糖量比普通番茄高,但只有到完全成熟时,它的含糖量才达到高峰,才能发挥其固有的风味和优良的品质,所以应在果实完全成熟时才采收。樱桃番茄多数品种为整穗采收,对果实易开裂的品种,可在八分成熟时采收,放在室内后熟2～3天再食用。

45. 日光温室冬春茬番茄定植后如何进行温光水肥调节?

利用日光温室生产番茄,冬季可盖草苫,夏季可遮荫,可四季生产。在保温条件好的日光温室内,可进行冬春茬番茄长季节栽培,一般在9～10月份定植,采用高畦或高垄覆盖地膜栽培。

(1)温光调节 节能日光温室10月上旬扣棚后,白天温度可升到40℃～50℃,因此除从顶部通风外,还应从大棚前端下部将薄膜卷起进行通风,这样可使白天温度控制在30℃以下,夜间控制在16℃～20℃。定植后保持高温高湿促进缓苗。中午温度超过30℃时可放下部分草苫遮光降温。缓苗后,日温降至20℃～25℃,夜温降至13℃～17℃,以控制营养生长,促进花芽的分化和发育。进入结果期正值冬季寒冷时期，宜采用“四段变温管理”，即上午见光后使温度迅速上升至 25℃～28℃，促进植株的光合作用；下午植株光合作用逐渐减弱，可将温度降至 20℃～25℃；前半夜为促进光合产物运输，应使温度保持在 15℃～20℃，后半夜温度应降到 10℃～12℃，最低也要控制在 8℃以上，尽量减少呼吸消耗。深冬季节一般不通风，可在中午进行小通风。2 月中旬后气温上升，可加大通风量。

管理上可通过早揭晚盖草苫、经常清洁薄膜、在温室后墙张挂反光幕等措施来增加光照度和延长光照时间。进入结果期后，随着果实的采收，及时打掉下部的病叶、老叶、黄叶，改善植株下部的通风透光条件，减轻病害发生。

(2)水肥管理　冬春茬番茄前期通风量小，底墒充足，且在地膜覆盖条件下，耗水少，第一穗果膨大期一般不浇水。灌水会造成地温下降，空气湿度增大，易诱发病害。如果土壤水分不足，可选择坏天气刚过的晴暖天气，于上午浇 1 次水，水量不宜太大，且从膜下暗沟灌水。冬春茬番茄栽培，施基肥较多，第一穗果采收前可不追肥。缓苗后每周喷施 1 次叶面肥，效果较好，可喷施 0.2%～0.3%磷酸二氢钾溶液。第二穗果长至核桃大小时，结合灌水进行第一次追肥，每 667 平方米追施磷酸二铵 15 千克、硫酸钾 10 千克或三元复合肥 25 千克。先将化肥在盆内溶解，随水流入沟内。以后气温升高，通风量增大，逐渐加大灌水量。一般 1 周左右灌 1 次水，并且要明暗沟交替进行。结合灌水，在第四穗果、第六穗果膨大时分别追 1 次肥。叶面追肥继续进行。此外，冬季栽植番茄由于室内常为封闭状态，同时由于光合作用会造成二氧化碳亏缺，影响番茄的正常生长。因此结果期可增施 CO_2 气肥，浓度为 1 000 毫克/千克，增产显著。

46. 番茄设施栽培易发生哪些生理障害？如何防止？

番茄常见的生理性病害有脐腐病、筋腐病、空洞果、裂果、畸形果、日烧果、生理性卷叶等。

(1)脐腐病 脐腐病主要是由于结果期钙肥供应不足造成的。钙肥供应不足可能是由于土壤营养不良造成的，也可能是由于土壤干旱或氮肥过多或土壤温度过低造成的。可采用如下措施防治脐腐病：土壤中施入消石灰或过磷酸钙作基肥；追肥时要避免一次性施用氮肥过多而影响钙的吸收；定植后勤中耕，促进根系对钙的吸收；及时疏花疏果，减轻果实间对钙的争夺；坐果后30天内，是果实吸收钙的关键时期，在此期间要保证钙的供应，可叶面喷施1%过磷酸钙或0.1%氯化钙，能有效减轻脐腐病的发生。

(2)筋腐病 在果实膨大时主要是由于施肥不当，如氮、磷、钾比例失调，氮肥过多，缺钾或氮肥过多又遇高温等，均会造成果实内维管束及周围组织褐变或果皮硬化。生产中可通过选用抗病品种，改善环境条件，提高管理水平，实行配方施肥等方法来防止筋腐病的发生。

(3)空洞果 典型的空洞果往往比正常果大而轻，果实有明显的空腔。空洞果的形成是由于花期授粉受精不良或果实发育期养分不足造成的。生产中选择心室数多的品种，不易产生空洞果；同时，生长期间加强肥水管理，使植株营养生长和生殖生长平衡发展；正确使用生长调节剂进行保花保果处理等措施，均可防止空洞果的发生。

(4)裂果 裂果主要是结果期水分供应不均匀造成的，如蹲苗结束后马上浇大水或果实膨大期忽干忽湿等，都会造成番茄裂果。为防止裂果的发生，除选择不易开裂的品种外，管理上应注意均匀供水，避免忽干忽湿，特别应防止久旱后过湿。植株调整时，把花序安排在架内侧，靠自身叶片遮光，避免阳光直射果面而造成果皮老化。

(5)畸形果 造成番茄畸形果的主要原因有以下3个：①花芽分化、授粉受精期遇低温；②开花期使用激素不当或浓度过大；③水分供应不均。为防止畸形果的发生，应加强育苗期的温光水肥管理，特别是在花芽分化期，尤其是第一花序分化期，即发芽后25～30天，具2～3片真叶时，要防止温度过高或过低；开花结果期合理施肥，使花器得到正常生长发育所需要的营养物质，防止分化出多心皮及形成带状扁形花而发育成畸形果。此外，使用生长调节剂保花保果时，要严格掌握浓度和处理时期。

(6)日烧果 发生日烧果的原因是果实受阳光直射部分果皮温度过高而被灼伤，表面干缩变硬，果肉坏死，变成褐色块状。番茄定植过稀、整枝打杈过重、摘叶过多，是造成日烧果的重要原因。天气干旱、土壤缺水或雨后暴晴，都易加重日烧果。为防止日烧果的发生，番茄定植时需合理密植，适时适度地整枝、打杈，果实上方应留有叶片遮光；搭架时，尽量将果穗安排在番茄架的内侧，使果实不受阳光直射。

(7)生理性卷叶 主要表现为番茄小叶纵向向上卷曲，严重时整株所有叶片均卷成筒状。番茄生理性卷叶是植株在干旱缺水条件下，为减少蒸腾面积而引发的一种生理性保护作用。另外，过度整枝也可引起下部叶片大量卷叶。为防止生理性卷叶的发生，生产中应均匀灌水，避免土壤过干过湿；设施栽培中要及时放风，避免温度过高。当生理性缺水导致卷叶发生后，应及时降温、灌水，短时间病情即可缓解。同时，要注意适时、适度整枝打杈。

47. 如何防治番茄TY病毒病?

番茄TY病毒病即番茄黄化曲叶病毒病,是一种危害性很强的病害,常常造成番茄绝产。该病于2005年在云南省首先发现,现已传播到我国北方各省、自治区。发病时番茄植株生长迟滞,顶部新叶皱缩为簇状,叶片变黄并上卷,不能正常结果,严重减产。该病由烟粉虱传播。生产上首先要选用抗TY的番茄新品种,如先正达公司和我国上海农业科学院、青岛农业大学等选育的抗病品种。用药防治主要是控制烟粉虱的发生,可用(10%)吡虫啉1 000倍液或20%啶虫脒乳油2 000倍液喷施杀虫,并配合使用黄板诱杀措施,一般每667平方米挂黄板50个左右。

七、茄　子

48. 怎样培育露地春夏季茄子壮苗?

山东省春夏季露地栽培茄子育苗的适播期为1月中下旬。因茄子播种期正值严寒季节,而茄子发芽和幼苗生长需要较高的温度,为确保安全育苗,春夏季露地栽培的播种畦最好采用酿热温床或电热温床畦育苗。

播种前5～7天,用50℃～60℃的热水浸种并不断搅拌,待水温降到30℃以下时,浸种8～10小时后催芽,催芽温度与番茄相同。播种应选晴暖天气的中午进行。用酿热温床或电热温床播种,先浇底水,以湿透培养土为度,然后将种子掺上细湿土均匀撒播,覆土厚度为1～1.5厘米。为防止病害,可在播种前及覆土后各撒一层药土。

幼苗长出3～4片真叶时分苗,可用阳畦做分苗床。分苗宜选晴暖天气进行,苗距10厘米见方。刚分苗的秧苗,应立即严密覆盖塑料薄膜,中午前后搭苇毛苫遮荫,以防止秧苗萎蔫,到下午2～3时再揭开。缓苗期间不通风。缓苗后适当通风,通风口要小,通风时间要短,畦温白天保持25℃～30℃,夜间不低于15℃。定植前8～10天,浇水切块,并加强通风炼苗。定植前3～5天,夜间温度如不低于8℃,苗畦可不加任何覆盖,使秧苗接受低温锻炼,以适应露地环境。

49. 春茄子苗期为何出现“僵苗”？怎样栽植露地春茄子？

春茄子育苗早，苗期正值严寒季节，这一时期气温、地温低，易出现僵苗。从外观看，僵苗茎细，叶小，根少，色暗，新根少。僵苗定植后缓苗慢，生长势弱，易落花落果，产量低。造成僵苗的主要原因是床温过低或床土过干。用加热温室、电热线、酿热温床或营养钵育苗时耗水多，若浇水不及时，也易发生僵苗。茄子幼苗萎根，亦称“回根”、“锈根”，是苗僵化的一种现象，出现这种现象的主要原因是地温低，当苗期地温长期低于15℃时，最易萎根。因此，在茄子育苗期要加强温度和水分的管理，提高幼苗质量，防止低温干旱，避免出现僵化苗。

栽植春茄子应选择土层深厚、保水保肥、有机质含量高的壤土，最好选择五年内没有种植过茄科蔬菜的地块，以防止病害发生。地块选好后，要重施基肥，每667平方米施圈肥5 000千克左右，施肥后要耕翻耙平。终霜后，当10厘米土层温度稳定在12℃以上时，方可栽植。山东各地定植期一般为4月下旬至5月上旬。一般来说，茄子的定植期应晚于番茄、辣椒，定植过早不利于缓苗，且易受冻害或冷害。

为获得高产、稳产，要重视采取适宜的栽植方式。一般栽培早熟品种多采用平畦密植的方式，每667平方米栽植3 300～3 500株，这种栽培方式有利于提高前期产量。定植时将土坨放在沟内覆土埋好，秧苗土坨稍低于畦面。栽培中晚熟品种时，为了改善茄子田间群体中、后期的通风透光条件，减轻病害发生，便于田间管理，宜采用间作的栽植方式，主要搭配组合有以下两种方式：第一，茄子间作早春甘蓝－秋季种大蒜间作越冬菠菜。整地施肥后做成80～100厘米宽的小畦，于3月上中旬隔畦栽早熟结球甘蓝，4月中下旬在空畦栽茄子，每畦 2 行，株距 50 厘米，调角栽植。5 月中下旬结球甘蓝收获后，给茄子施肥培土，使其形成大小行的布局。第二，早熟春结球甘蓝或莴笋间作育苗白菜(油菜)－收白菜栽茄子－收结球甘蓝，隔畦播夏小白菜—茄子拔秧后种秋菠菜或越冬菠菜。冬闲地经施肥整地后做成大小畦，大畦宽 1.5 米、小畦宽 80 厘米，间隔排列。3 月中旬在小畦内栽育苗白菜，于大畦内栽早熟结球甘蓝或育苗莴笋。4 月中下旬收获小畦白菜后施肥整地，于 4 月下旬或 5 月初在小畦内调角栽 2 行茄子，株距 40 厘米左右。5 月中下旬收获大畦的结球甘蓝或莴笋后，给茄子施肥、培土，原来的大畦这时变成小畦，茄子田变成了大小行式布局。

50. 茄子定植后怎样进行田间管理?

茄苗定植后浇一次缓苗水，并随水追施人粪尿。门茄开花时要适当控水蹲苗，促使根系向纵深发展。门茄坐果膨大后结束蹲苗，开始浇水追肥，每 667 平方米施人粪尿 500～1 000 千克、磷酸二铵 15 千克。对茄和四母斗茄相继坐果后，对肥水的需求达到高峰。对茄长到鸡蛋大小时，要重施一次粪肥或化肥，每 667 平方米施人粪尿 4 000～6 000 千克或尿素 15～20 千克，而后浇水。四母斗茄果实膨大时，再重施一次粪肥或氮肥。结果后期根吸收力下降，可叶面喷施 0.2％尿素和 0.2％～0.3％的磷酸二氢钾。喷施时间以晴天傍晚为宜。

茄子定植时温度较低，新根生长慢，在浇过缓苗水后要进行中耕蹲苗，保持土面疏松、干爽，10 天后进行第二次中耕。俗话说“茄子靠耪，黄瓜靠绑”，这说明了中耕对茄子生长的重要性。当门茄“瞪眼”、对茄开花时结束中耕蹲苗，进行浇水追肥。门茄收获后进行培土，培成小高垄或小高畦。

51. 茄子畸形果是怎样产生的?

茄子常见的畸形果有僵茄、双身茄、裂茄、无光泽茄等。僵茄也叫石茄,是单性结实的畸形茄。僵茄果实细小,质地坚硬,口感差。僵茄形成的原因是在植株开花前后遇到低温、高温或光照不足,花粉发育不良,因而影响授粉受精造成的。双身茄是多心皮的畸形茄。肥料供应过多、花期遇低温或生长调节剂使用浓度过大,均会形成多心皮的双身茄。裂茄有果裂、萼裂两种。裂茄的原因有二:一是茶黄螨幼虫为害,使果皮增厚并变粗糙,而内部胎座组织仍继续发育,造成内长外不长,导致果实开裂;二是在果实膨大过程中,由于干旱后突然浇水,果皮生长速度不如胎座组织快而造成裂果。无光泽茄多发生在果实发育后期,土壤干旱缺水,供水不及时,形成暗淡无光泽的果实。

52. 怎样进行茄子割茬再生栽培?

茄子割茬再生栽培是将越夏栽培的茄子上部割除,促下部发出新枝继续生长的栽培方式。再生栽培省去了育苗时间,可使植株迅速进入结果期,延长产品器官的收获期。具体做法如下。

秋分前在离茄子根部20～25厘米处割老秧,割后及时浇水追肥,每667平方米随水追施尿素10～15千克。几天后,茄子基部萌发出新枝,选留1～2个健壮新枝,将其余新枝去掉。割后20～25天新发植株开花,开花20～25天后茄子即可采收上市。

秋季气温逐渐下降,要加强割茬茄子的肥水管理,攻秧保果。当外界旬均温度下降至20℃时扣棚,初期不能扣得过严。当外界气温下降到15℃时,夜间将棚封严,白天温度高时还要注意通风,避免温、湿度过大。当棚温在15℃以下时不再通风,注意保温防寒，促进果实成熟。扣棚后期应尽量少浇水，防止地温下降。

割茬再生栽培的茄子如果通风透光搞得好，其根系就发达，植株长势就强，结果早且结果节位低，有利于养分运转，使果实长得硕大且着色好，产量颇为可观，每 667 平方米比不割茬茄子增产 2 000～3 000 千克。

八、辣 椒

53. 怎样培育辣椒壮苗？怎样栽培露地春辣椒？

春夏露地栽培的辣椒苗最好选用温床播种。因辣椒苗期生长发育速度慢，采用阳畦育苗，温度较低，不易育出带蕾定植的适龄壮苗。采用温床育苗，播种期一般在1月中旬。

播种前5～7天，先将种子用30℃的温水浸泡一下，将浮在水面的秕籽去掉，然后将饱满种子放入55℃～60℃的水中浸种，并不断搅拌，当水温降至30℃时继续浸泡5～6小时，而后置于25℃～30℃条件下催芽，4～5天后即可出芽。在辣椒病毒病较重的地区，浸种前可用1%高锰酸钾溶液浸泡20～30分钟实行消毒。播种前，给苗畦浇透水，将种子掺上细土撒播，每平方米苗畦用种子7～8克。播种后覆细土厚1.5厘米，盖好封严薄膜，傍晚尚需加盖草苫。

出苗前一般不通风，草苫应晚揭早盖，使苗畦保持较高的温度，以利于出苗。幼苗出齐后，可适当通风降温，白天适温为20℃～25℃，夜间16℃～18℃，以防止秧苗徒长。同时可选晴暖天气的中午揭开薄膜适当间苗，并随即撒盖一层薄细干土以护根降湿。待秧苗第一片真叶显露后，应减少通风量，适当提高畦温，白天应保持23℃～28℃，夜间16℃～20℃，不能低于15℃。分苗前3～4天，应加大通风量，对幼苗进行低温锻炼。显露3～4片真叶时分苗。分苗畦可利用阳畦，分苗前在畦内轻轻洒水，以利于提苗,减少伤根。辣椒是双株分苗,即每穴栽两株,穴距为8～10厘米见方。分苗后要严密覆盖薄膜,如中午秧苗萎蔫,可适当搭盖苇毛苫遮荫。缓苗后通风,白天温度应保持23℃～28℃,夜间不低于15℃。定植前8～10天浇水切块,逐渐加大通风量,夜温可降至10℃～12℃,进行低温锻炼。

辣椒适龄壮苗的标准是:秧苗茎秆粗壮,节间较短,叶片较大而厚,叶色深绿,根系发达,80%～90%的秧苗第一朵花现蕾。

山东各地一般在番茄定植后的4月下旬定植辣椒。及早定植辣椒有利于早缓苗,早发根,进而促进早发棵。

辣椒定植时,先在畦内或垄上开沟,将带土坨的秧苗栽好。因辣椒根系弱,覆土不要过深,以埋住土坨为宜。栽后浇水,水应润透土坨。

辣椒株型紧凑,合理密植增产潜力较大。密植还有利于植株早封垄,地表被覆盖遮荫,土壤温度变化小,根系不易被暴晒,从而收到保根促棵、减轻病毒病的效果。因此,应改变传统的栽植方式,改稀植为合理密植。如茄门甜椒,过去每667平方米栽植5 000～6 000株,现在每667平方米可以增加到8 000～10 000株,因而取得明显的增产效果。为便于管理,在田间布局上,最好改等行距为大小行距栽植。如茄门甜椒,可以采取株距25厘米、小行行距40厘米、大行行距60～80厘米的栽植方式,每667平方米仍栽植8 000～10 000株。

实行间作也是一种很好的辣椒栽植方式。合理间作有利于改善田间小气候,减轻病毒病等病害的发生。在纯菜区,冬闲地施肥后深翻整平,于3月上旬做成80～100厘米宽的小畦,于3月中旬隔畦栽一畦早熟春甘蓝或进行莴笋育苗,每畦栽2～3行,株距30～35厘米。4月中下旬,在空畦中每畦栽2行辣(甜)椒,穴距25～30厘米。5月中下旬收完甘蓝或莴笋后,在畦内施肥后将畦做成一条垄,按20厘米的穴距播一行架豆。豆角甩蔓后可以给辣

(甜)椒适当遮荫,以利于减轻病毒病害。这样做因田间通风透光好,豆角产量也高。

54. 怎样进行露地辣椒开花结果期的田间管理?

辣椒门椒开花时要控水,以促进坐果。门椒坐果后要进行大追肥,每667平方米冲施腐熟人粪尿500～1 000千克,或施入捣细的腐熟大粪干500千克,或施入氮磷钾复合肥25～30千克。5月中下旬有干热风天气时,应在傍晚浇水降温。

蚜虫是辣(甜)椒病毒病发生的主要媒介。从5月上旬开始,每667平方米需喷洒5%天然除虫菊素乳油制剂40～50克,或0.3%印楝素乳油制剂40～60克。门椒坐果后,结合防治棉铃虫,可以在卵高峰后3～4天和6～8天每667平方米喷洒苏云金杆菌乳剂制剂100～120毫升,连喷2次;在孵化盛期至2龄盛期,喷洒20%除虫脲或50%辛硫磷乳油1 000倍液。为控制炭疽病等病害,从5月底至6月初可全面喷施1～2次石灰等量式波尔多液200～240倍液。

门椒采收后进行1次追肥,每667平方米追施硫酸铵10～15千克,随后浇水,保持地面湿润,以促秧攻果。从6月下旬至7月中旬雨季到来前后,每隔7～10天交替喷布波尔多液200倍液和百菌清500～800倍液,以防治炭疽病等病害。

在7～8月份高温季节,应注意于傍晚及时浇水降低地温,并进行追肥。多雨时应注意排水,热雨后进行"涝浇园"。高温季节过后,植株恢复正常生长时,应追施速效肥并及时浇水,以形成第二次结果盛期。在10月中旬务必将果实全部采摘进行贮存或上市供应,以避免果实受冷害。

55. 怎样进行塑料大棚春辣椒提前栽培?

春季塑料大棚栽培辣椒多使用早熟或中熟品种,常用的品种有湘研1号、早杂2号、美国大尖椒、保加利亚尖椒等。

塑料大棚栽培的春辣椒育苗多在温室或冬暖棚中进行。其播种期根据定植期、品种和育苗设施确定,如湘研1号等早熟品种宜在定植前80～90天播种育苗;保加利亚尖椒等中早熟品种宜在定植前90～100天播种育苗。采用单层覆盖大棚栽培的早熟辣椒,一般在12月下旬至翌年1月上旬播种;采用双层或多层覆盖栽培的在12月中下旬播种(大棚栽培春辣椒的育苗方法同露地春辣椒)。

塑料大棚春季栽培辣椒,可在大棚内10厘米土层地温稳定在12℃以上时定植。华北地区单层大棚多在3月份定植,双层或多层覆盖的可提前10天左右定植。定植前20多天应盖好棚膜,以提高棚温。定植前每667平方米均匀铺撒腐熟农家肥5 000千克、复合肥50千克,用旋耕犁旋耕两遍,将粪土均匀混拌,做成宽50～60厘米的小高畦或开沟定植。早熟品种每畦栽2行,穴距26厘米,每穴栽2株,每667平方米约栽5 000穴共10 000株左右。中早熟品种每畦栽2行,穴距30～33厘米,每667平方米4 000～4 400穴共8 000～8 800株。采用开沟栽植的,沟宽40厘米、沟深15厘米、沟距100厘米。

塑料大棚春季辣椒定植后,须立即将棚膜封严,以利于缓苗。一周后,幼苗叶色转绿,心叶开始生长,即可浇缓苗水,并开始通风;白天棚温应保持25℃～30℃,夜间15℃～20℃。浇定植水后2～3天可进行中耕,以促进缓苗。浇缓苗水后再进行中耕,这次中耕后即进入蹲苗期。待大部分门椒坐果后,结束蹲苗,开始浇水,保持土壤湿润。门椒坐住后,结合浇水每667平方米追施硫酸铵15～20千克,以后每20天左右结合浇水追1次肥,每667平方米每次施用硫酸铵10～15千克。

大棚春季栽培辣椒,一般在4月中旬至5月初开始采收,7月份拉秧。

56. 塑料大棚辣椒秋延后栽培需要掌握哪些技术要点?

塑料大棚或中棚辣椒秋延后栽培一般在6月下旬至7月上旬育苗。因此期高温多雨,需采取如下特殊技术措施:一是干籽直播,不浸种催芽;二是育苗畦上需搭塑料薄膜外加荫棚或盖遮荫网,以防强光和暴雨;三是注意防虫害和病毒病;四是日历苗龄30天、植株出现4～5片叶时定植;五是定植要选在阴天或傍晚进行,每栽5 000穴,实行垄作。

当日均温降至15℃时扣膜,扣膜中后期应加强保温,冷天夜间要加盖草苫,以保证正常开花结果。扣严膜后坚持不旱不浇水,以防止空气湿度过大引起病害。

57. 辣椒为何会出现落花、落果和落叶等"三落"现象? 如何防止?

辣椒的"三落"是指落花、落果和落叶,造成"三落"的主要原因是:栽培环境不适宜,温度过高或过低,湿度过大或过小,光照过强或过弱,营养不足或营养过剩均易引起授粉受精不良或叶柄处产生离层,因而发生"三落"。

防治辣椒"三落"的措施:一是在栽培过程中加强大棚内温度、光照和空气湿度的调控,可有效防止落花落果。二是门椒采收后,应经常浇水保持土壤湿润,防止过度干旱后骤然浇水。一般结果前期 7 天左右浇 1 次水，结果盛期 4～5 天浇 1 次水。浇水宜在晴天上午进行，最好采用滴灌或膜下暗灌，以防止棚内湿度过高。追肥应以少量多次为原则。一般在基肥比较充足的情况下，门椒坐果前可以满足其需要，当门椒长到 3 厘米长时，可结合浇水进行第一次追肥，每 667 平方米随水冲施尿素 12.5 千克、硫酸钾 10 千克。进入盛果期，根据植株长势和结果情况，可追施化肥或腐熟有机肥 1～2 次。

九、大白菜、萝卜

58. 大白菜采用直播和高垄栽培有什么益处? 怎样保障直播大白菜的出苗质量?

大白菜栽培可直播,也可育苗。在前茬作物及时收获的情况下,最好采用直播。直播的大白菜在播种后持续生长,不会因移栽伤根而影响生长,也不会因伤根而给软腐病以入侵的机会,因而较易获得高产稳产。大白菜采用高垄栽培比平畦栽培具有以下优点:①高垄可以用动力机械或牲畜拉犁培垄,可节省人力,适于大规模栽培。②高垄栽培在雨后或灌水后,土壤表层容易干爽,可减少软腐病的发生;同时高垄使白菜植株下部空气流通,降低空气湿度,因而可减少霜霉病的发生。③从高垄两侧追肥方便,垄间浇水后垄面不易板结。④高垄栽培能使大白菜根系氧气条件得到改善,促进根系生长,植株生长健壮,生长势强。

大白菜播种是在炎热季节进行,土壤水分散失快,土壤易干燥,因而往往影响出苗。播种时若墒情不好,应在播种沟或播种穴内浇水后再播种、覆土。即使墒情好,也要采取以下保墒措施:播种后在播种沟或播种穴上覆盖5~6厘米厚的土;在幼苗将要出土时,轻轻搂去多盖的覆土。

直播白菜幼苗出土后最忌强烈日晒和地面高温,应勤浇小水,以降低地表温度。一般大白菜籽在播后48小时发芽出土,宜将播种时间安排在傍晚,使幼苗在播后第三天傍晚出土,经过一夜生长,可忍耐较强的日晒。

59. 大白菜心叶干枯的原因是什么？

大白菜心叶干枯主要是由于植株内部缺钙造成的。大白菜生长除需要氮磷钾三要素外，也需要钙、硼等其他元素。钙是大白菜细胞壁的组成成分之一，如果植株缺钙，则通水细胞解体，导致叶片水分供应失调，出现心叶干枯即“干烧心”现象。大白菜植株中钙的分布是不均匀的，一般老叶含钙量多于嫩叶，而且钙在植物体内移动性很差，因此植株缺钙首先表现在心叶上，造成心叶干枯。

大白菜缺钙的原因是多方面的：一是由于土壤中钙含量少，致使植株吸收不到充足的钙；二是有时土壤中虽然不缺钙，但由于施氮肥过多，加之天气干旱而浇水不足，使土壤溶液浓度过大，钙不能随水进入植株体内而造成缺钙，发生干烧心现象。因此，生产上要针对具体情况，采取相应措施，防止“干烧心”现象的发生。

60. 春大白菜栽培应掌握哪些技术要点？

春大白菜栽培要解决的主要问题是先期抽薹。为此，生产上应掌握好各个环节，防止或控制春大白菜的抽薹，使其正常结球，以提高产量和品质。春大白菜栽培要点如下。

(1)选择适宜品种 选择种植冬性强、不易抽薹、生长快、结球性能好的耐热抗病品种，如春秋 56、春冠、春大将、春夏王等品种。

(2)适期播种 适期播种是控制春大白菜先期抽薹的有效措施。如播种过早，日均温低于 12℃，大白菜极易通过春化而发生抽薹现象；播种过晚，大白菜结球期遇较高温度，难以形成叶球或结球不紧，且易感染病害。一般春大白菜的抽薹率随播种期的推迟而明显下降，产量也随播期的推迟而下降。根据大白菜多年的种植经验，山东省露地春大白菜的安全播种期宜在 4 月上旬，到 6

月份即可开始收获。目前,华北各地多采用保护地育苗,露地定植,可于 2 月下旬至 3 月上旬用阳畦育苗,于 3 月下旬至 4 月上旬将幼苗定植到大田,5～6 月份即可收获。在大白菜育苗期应注意苗床温度不应低于 15℃,移植大田时夜温不应低于 8℃～10℃。

(3)施足基肥,合理密植 春大白菜生长快,种植前应施足基肥,一般每 667 平方米施有机肥 5 000 千克以上;施肥后精细整地,做成平畦。由于春大白菜生长期短,单株生长量小,所以必须发挥群体优势,实行合理密植,每 667 平方米栽植数量为秋大白菜的 2 倍,即每 667 平方米栽植 4 000～5 000 株。

(4)加强肥水管理 针对春大白菜生长期短、易抽薹的特点,在栽培管理上应以促为主,一促到底。在苗期适当中耕,以利于提高地温;进入莲座期和结球期,应浇大水施大肥,促使球叶迅速生长,每 10 天左右施一次氮肥或氮、磷复合肥,每次施 15 千克。后期应减少浇水,防止病害发生。

61. 什么是彩色大白菜?

彩色大白菜也称紫色大白菜。这种白菜纵剖面可看到黄色、白色、紫色、红色和绿色等多种颜色,是最近刚培育成功的大白菜新品种。因其含有较高的花青苷,具有抗氧化、预防心血管疾病等保健功能,具有较好的市场前景。以青岛科达蔬菜研究所和青岛农业大学合作开发的彩凤为例,彩色大白菜需要较好的水肥条件,能适应 15℃～30℃温度条件,一般株行距为 40 厘米×60 厘米,每 667 平方米栽 3 000 株左右。其生长期为 75 天左右,净菜高 35 厘米、直径 10 厘米,单株重 1 千克。

62. 萝卜为什么会出现糠心、分杈、黑心和开裂？

(1)糠心 也叫空心，主要是高温干旱、多氮少钾、生长过快、收获过迟造成的。萝卜贮藏过程中发生糠心主要由于贮存空气干燥造成的。

(2)分杈 萝卜分杈的主要原因是种子陈旧，胚根破坏；土层浅，土壤板结，土壤中石砾、瓦块多；基肥未充分腐熟或施肥不当。

(3)黑皮黑心 萝卜黑皮黑心主要是土质坚硬，透气性差，施用未腐熟厩肥而引起微生物活动强烈，使根部缺氧造成的。

(4)根部开裂 萝卜根部开裂的主要原因是肉质根生长期间供水不均匀、先干后湿造成的。

生产上应根据以上萝卜肉质根生长不良的原因，采取相应的针对性措施。

63. 怎样生产萝卜芽？

萝卜种子发出的嫩芽称萝卜芽。萝卜芽富含各种维生素及钙、铁、磷等营养成分，可炒食、做汤、凉拌，鲜嫩可口，很受消费者欢迎。

萝卜芽生长期短，可根据市场需要随时生产。萝卜芽可在露地生产，也可在保护地生产；可土壤种植，也可采用育苗盘无土种植。目前，生产上主要利用设施育苗盘无土生产萝卜芽。其生产技术如下。

(1)设备用具 生产场地多选用大棚、温室或闲置的房屋等。育苗盘多选用塑料育苗盘，其规格为长 60 厘米，宽 25 厘米，高 5 厘米。为码放育苗盘，应用角铁或木材制作苗盘架，层间距为

30～40 厘米左右;其基质可采用草纸、报纸、水洗沙等。秋冬季和早春生产萝卜芽用塑料薄膜保温保湿防灰尘,夏季用草帘等遮阳防强光。此外,需备有喷雾器,定时喷雾补水。

(2)品种选择 通常选用籽粒饱满、发芽率高的新种子。一般萝卜品种均可使用。

(3)浸种消毒 首先要消除种子中的杂物,除去瘪粒,然后用 45℃～55℃温水浸种 10 分钟实行消毒,或用 0.5%高锰酸钾或 0.3%漂白粉浸种 1 分钟实行消毒,药剂消毒后要用清水冲洗干净。而后在 20℃左右清水中浸泡 2 小时,即可播种。浸种时间不可过长,否则易造成养分损失。

(4)播种 清洗苗盘,盘底铺 1～2 层纸,用水浸湿纸床,将浸好的种子均匀撒在纸床上。一个芽苗盘播干种子 80～100 克。

(5)叠盘催芽 播种后,将 5 个芽苗盘摞成一摞,整齐地叠放在一起,并在摞盘上下覆垫保湿盘(在苗盘内铺二层湿润的基质纸),在黑暗条件下叠盘催芽。催芽期间,低温期每天喷雾 1～2 次;高温期喷 2～3 次,以满足种子吸水的需要。萝卜叠盘催芽的温度为 18℃～22℃,经 2 天后芽高约 2 厘米时,即可将芽苗盘单摆上架。

(6)上架后管理 萝卜芽菜对温度适应范围广,发芽最低温度为 3℃～5℃,最高温度为 35℃,最适温度为 20℃～25℃。在低温下萝卜种子发芽缓慢,生产周期长。萝卜芽菜喜湿,适宜湿度为 60%～70%,播后应经常适量喷水以保持基质湿润。一般低温期每天喷雾 1～2 次;高温期喷 2～3 次。喷水量以掌握苗盘内基质湿润,不大量滴水为宜。芽苗盘上架后应给予适量的散射光,光照不宜过强,否侧芽苗的纤维含量高,品质差。在芽苗上市前的 1～2 天给予较弱的直射光即可。由于苗盘架各部位见光不一致,应注意倒盘,并注意随时检查,及时捡出不出芽的种子,以免其腐烂造成污染。

(7)采收 在适宜的温湿度下，萝卜种子经5～10天即可发芽长到5～6厘米高，子叶展露，即可上市。但以苗高10～13厘米、2片真叶展开、胚轴和叶片翠绿有光泽为最佳采收期，一般需经10～17天。为保持萝卜芽较长食用期，一般直接带盘出售。亦可带根拔起，用透明塑料盒密封包装上市。一般1千克干种子可产8千克左右的萝卜芽菜。

64. 怎样提高胡萝卜种子的发芽质量？

由于胡萝卜种子的形成与构造上的原因，造成其发芽率低，一般只有60%～70%。采收的种子，一般只能在当年和翌年的秋播使用。如果发芽条件差或采用陈旧种子，则发芽率更低，造成大量缺苗而影响产量。由陈旧种子生长出的植株肉质根易产生分杈，从而降低商品品质。所以应选择质量好的新种子，搓去刺毛后播种，以便萝卜种子易于从土壤中吸收水分，促进早发芽，早齐苗。春胡萝卜播种时因气温、地温低，不利于种子发芽和出土。为了保证胡萝卜出苗整齐，幼苗健壮，可采用浸种催芽与低温处理后再播种的方法，这样可提早出苗5～6天，增产效果明显。萝卜种子的处理方法有以下两种。

第一种，先用一半水将胡萝卜种子浸湿润，经过3～5小时再加入余下的一半水，两次用水量为种子重量的90%～95%。水温保持在15℃～20℃。将种子与水均匀混合后，在24小时内每隔1～2小时翻动种子一次，以后每隔12小时在早上或晚上翻动种子一次。4～5天后，将已膨胀的种子放在干净的浅盆或其他容器内，上盖潮湿棉纱布，放在0℃条件下处理10～15天，而后取出播到土壤中。

第二种，将种子放入30℃～40℃温水中浸种3～4小时，捞出后放入湿布包中，置于20℃～25℃下催芽，保持种子湿润，并定期搅拌,使其温、湿度均匀,当大部分种子露白时,即可播种。

胡萝卜的播种方法有撒播和条播两种,一般多采用撒播法。无毛种子每 667 平方米需 0.75 千克,带毛种子每 667 平方米需 1～1.5 千克。带毛种子可拌入相当于种子量 3～4 倍的细土中实行撒播,播种要注意均匀,播后用厚约 1 厘米的细土覆盖。播种后要保持土壤湿润。

十、甘蓝、花椰菜、芜菁甘蓝

65. 紫甘蓝有哪些品种？怎样种植？

紫甘蓝是结球甘蓝的一个变种，因其球叶为紫红色，所以称紫甘蓝。紫甘蓝颜色艳丽，质地脆甜，可凉拌也可炒食，是一种非常受人们欢迎的蔬菜。

目前，我国栽培的紫甘蓝主要从欧美国家引进，主要品种有红宝石、鲁比波早生、早红、中生鲁比波、红亩、紫甘蓝1号、巨石红等。

红宝石紫甘蓝是由美国引进的极早熟杂交一代。春季保护地栽培红宝石紫甘蓝，于12月上旬至翌年1月中旬播种育苗，1月下旬至2月中旬定植，4月中旬收获；春季露地栽培，于2月上旬用保护地育苗，3月下旬至4月上旬定植，6月上旬至7月上旬收获，每667平方米产3500千克；秋季露地栽培，于6月中下旬播种育苗，7月中下旬定植，9月下旬至10月上旬收获。

鲁比波早生紫甘蓝是从日本引进的极早熟杂种一代，可于春、夏、秋季露地栽培，也可于冬季和早春在保护地栽培。种植株距为45～50厘米、行距为50厘米，每667平方米产4000千克。

红亩紫甘蓝是从美国引进的中熟品种。春季保护地栽培于12月上中旬播种，翌年2月中下旬至3月下旬定植，5月份收获。春季露地栽培于1月至2月上旬用保护地育苗，3月下旬至4月中旬定植，6月上中旬至7月中下旬收获。秋季露地栽培于6月中下旬播种育苗，7月中下旬定植，10月上中旬收获。

巨石红紫甘蓝是由美国引进的中熟品种,主要用于春、秋季露地栽培。

紫甘蓝1号与红亩紫甘蓝栽培方法基本相同。

66. 为什么花椰菜品质会变劣?

花椰菜在花球形成期间,会出现早花、青花、毛花、紫花等现象,影响产量和品质。这些不良花球出现的原因多为花椰菜种性不纯或栽培条件不适造成的。

早花是过早形成小花球的现象。植株苗期遇到低温,使花芽过早分化,提早形成花球,这种花球难以发育成肥大花球。此外,品种混杂、冬性弱的品种也会形成早花。

青花是花球上产生绿色小苞片、萼片等不正常现象。这可能是花球发育期间受到低温或雾天气候影响,导致非顺序性花序分化的结果。

毛花是花球表面形成绒毛状物的现象。种性退化,花球形成期温度过高,光照过强,土壤干旱等引起花球表面绒毛状,影响产品品质。

紫花是花球表面有紫色点、片的现象。产生紫花的主要原因是温度骤然下降,使花球内部糖苷转化为花青素。另外,紫花与品种也有一定关系。生产上栽培花椰菜应注意品种的选择,改善栽培环境,力争优质高产。

67. 怎样管理好青花菜?

青花菜也称绿菜花、西蓝花、木立花椰菜或意大利甘蓝。青花菜以其高营养、高品质而深受消费者喜爱。近年来,青花菜在我国栽培面积迅速扩大。青花菜植株形态与栽培方法同普通花椰菜相似，只是花球的颜色为绿色，其对环境条件的适应能力也强于花椰菜。目前，我国栽培较多的青花菜品种有中青 1 号、中青 2 号、里绿、加斯达、东京绿、绿岭等。

青花菜的播种育苗技术与花椰菜基本相同，因此下面主要介绍青花菜定植后的管理。

青花菜定植后 3～4 天中耕一次。定植 7 天左右植株发新根，为促进植株生长，此时应施肥、浇水，每 667 平方米施尿素 5 千克、磷酸二铵 5 千克，同时浇水 1～2 次。植株团棵后，应适当控制浇水和施肥，促进地下根系的发育。在此期间应连续中耕 2～3 次。定植后 30～35 天，植株心叶开始呈拧心状，说明顶端开始形成花球，此时应施肥、浇水，每 667 平方米追施氮磷钾复合肥 15 千克，施肥后浇透水，10～15 天后再施一次肥。青花菜对硼、钼等微量元素需要量较多，缺硼易引起花球表面黄化和基部空洞，缺钼则叶片失去光泽，易于老化，可分别用 0.5％的硼砂和 0.5％的钼酸铵溶液于花球形成期进行叶面喷洒，隔 7～10 天再喷 1 次。整个花球形成期应保持土壤湿润，以满足青花菜对水分的需求。

68. 怎样栽培芜菁甘蓝？

芜菁甘蓝也叫洋蔓菁、洋疙瘩、洋大头菜，是我国近代从欧洲引进并广泛栽培的一种根菜类蔬菜。芜菁甘蓝适应性强，易栽培，产量高，可作为蔬菜食用，也可作饲料。作为蔬菜食用时，可炒食、做馅，也可腌制，著名的成武酱菜“酱大头”主要原料即为芜菁甘蓝。

芜菁甘蓝耐寒性较强，喜冷凉气候，对温度适应性广，种子可在 2℃～3℃时发芽，幼苗能耐－2℃的低温，肉质根生长的最适温度为 13℃～18℃，幼苗耐高温的能力强于秋冬萝卜，成株耐寒性也优于秋萝卜。芜菁甘蓝在营养生长阶段的各个时期与萝卜相似,但其植株生长旺盛且不易感染病害,只要温度、湿度适宜,肉质根膨大期常可延长。芜菁甘蓝在山东省多实行秋作,于7月份播种,立冬前后收获。其栽培要点如下。

(1)整地施肥 选疏松、肥沃、透气性好的土壤,在前茬作物收获后,每667平方米施2 500～4 000千克腐熟厩肥,深耕后整平地面,做成宽60厘米、高15厘米的垄,准备播种。

(2)播种 播种时可直播,也可育苗,如前茬作物已收获,最好采用直播。直播分为条播或穴播,起垄栽培的行距为60厘米,平畦栽培的行距为40厘米。出苗后,在出现第一片真叶和3～4片真叶时各间苗一次,出现5～6片叶时定苗,株距为26～33厘米。采用育苗移栽方式,播种期一般比直播提前7～10天,育苗期为30天左右。育苗播种多采用撒播或条播,出苗后第一片真叶露出时间苗一次,株行距为3～5厘米;露出2～3片真叶时再间苗一次,苗距为8厘米。最后一次间苗后可追肥一次,幼苗出现5～6片真叶时定植,定植的行、株距同直播。

(3)肥水管理 芜菁甘蓝虽然具有耐肥、耐贫瘠、吸收力强等特点,但要获得丰产,还需加强肥水管理。在其营养生长阶段,大体可进行2次追肥。第一次是在定苗后或移栽成活后,每667平方米施硫酸铵15～20千克,或人粪尿500～750千克。第二次是在肉质根膨大期,每667平方米施草木灰100～150千克、人粪尿750千克或硫酸铵10～15千克,追肥后浇水。芜菁甘蓝喜湿润土壤,在幼苗期和定植成活期间要及时浇水,同时注意雨后排涝。肉质根膨大期需水最多,应适时灌足水,一般每5～7天灌水一次,生长后期可减少灌水。

(4)害虫防治 芜菁甘蓝主要害虫有蚜虫、菜青虫、小菜蛾、菜螟、跳甲等,从幼苗期开始就应注意及时喷药防治。对菜青虫、小菜蛾、菜螟、跳甲等,每667平方米可喷布生物农药2.5%多杀菌素悬浮剂制剂33～100毫升,或5%天然除虫菊素乳油制剂40～

50 毫升。对蚜虫可喷布 10％吡虫啉 1 500 倍液，或 3％啶虫脒 3 000 倍液。

(5)收获及留种 芜菁甘蓝较耐寒，轻霜后叶色发紫，肉质根仍能继续膨大。北方地区一般经严霜后即收获，用沟窖贮藏。留种株应在收获时进行选择，选留那些根形整齐、没有损伤、大小中等的植株作种，剪短叶子。在北方，种株要经过冬季贮存，于翌年春土壤解冻后栽植，行、株距各 33～50 厘米见方。

十一、雪里蕻、苤蓝、牛蒡

69. 怎样进行雪里蕻高产栽培?

雪里蕻学名为叶用芥菜,也叫青菜、辣菜。北方栽培雪里蕻多用于腌制,供全年食用,成品清香可口,生熟食用皆宜。

雪里蕻原产于我国南部,不耐寒、不耐热、不耐旱,喜冷凉湿润环境。雪里蕻发芽期要求旬平均气温 25℃,幼苗期为 22℃,产品器官生长期为 10℃~15℃。所以,北方的秋季非常适合雪里蕻的生长。

秋季栽培可直播,也可育苗移栽。山东省各地一般于 8 月中下旬播种,霜冻前收获。采用育苗移栽的,苗床翻耕后土壤要充分暴晒后,施农家肥及少量复合肥。雪里蕻种苗 66.7 平方米地可栽 667 平方米大田,用种量为 50~100 克。播种前浇足底水,均匀撒种,播种后覆土厚度为 0.5 厘米,出苗前最好在苗床覆盖杂草保湿,早晚浇小水,苗齐后除去覆盖物。

雪里蕻播种后 25~30 天,幼苗出现 4~5 片叶时即可定植。定植前应整地施肥后做畦,畦宽 1.2~1.3 米,每畦栽 4 行,行距 30 厘米、株距 15~20 厘米,定植时应注意少伤根,定植后立即浇水。

雪里蕻以脆嫩植株为产品器官,整个生长期要保持土壤湿润。定植成活后开始追速效氮肥,每 667 平方米施尿素 5~7.5 千克。植株封垄后可顺水冲施肥料。整个生长期共施肥 2~3 次。

供腌制用的雪里蕻在收获前 10~15 天停止浇水追肥,以免水分含量过高,而影响腌制品质。

70. 怎样种植苤蓝?

苤蓝学名为球茎甘蓝,也叫玉蔓菁、芥蓝头等。苤蓝有相当高的营养价值,既可鲜食,又可腌制,对春秋蔬菜供应起着重要作用。

苤蓝对环境条件的要求与结球甘蓝相似,但其对温度及土壤的适应性强于甘蓝,冬性较弱,易完成春化而未熟抽薹。春季种植苤蓝宜晚播,以防止先期抽薹。

北方春季早熟苤蓝多在 2 月上旬采用阳畦育苗,晚熟苤蓝多在 3 月下旬至 4 月初用露地育苗。秋季栽培在 6 月下旬育苗。每 667 平方米用种量为 50～75 克。苗床要施足基肥,苗床温度宜保持在 15℃～20℃。当幼苗出现 2～3 片叶时分苗,出现 5～7 片叶时即可定植。早熟品种在 3 月下旬至 4 月上旬定植,中晚熟品种在 5 月初定植,秋季栽培一般在 7 月中旬定植。定植前应对幼苗进行通风锻炼。

苤蓝不耐连作,前茬最好为葱蒜类蔬菜。定植前应施足基肥,每 667 平方米施农家肥 2 000～2 500 千克,做成 1.5～1.6 米宽的平畦,早熟品种行距为 25～26 厘米,株距为 32～34 厘米,晚熟品种株距为 30～40 厘米。定植以后,前期应适当控制浇水,进行中耕蹲苗。早熟品种球茎在 3～4 厘米时结束蹲苗,晚熟品种球茎在 6～7 厘米时结束蹲苗,进行浇水追肥。早熟品种追施氮肥每次每 667 平方米用硫酸铵 20～25 千克,追施 1～2 次,5 月下旬至 6 月上旬即可收获。晚熟品种追施 2～3 次,8 月中旬即可收获。秋季栽培的品种一般在立冬前收获。

71. 怎样种植牛蒡?

牛蒡也叫大力子、树根菜,以肉质根为产品器官。牛蒡喜温暖湿润的气候,喜光且较耐寒、耐热,生长适温为20℃~25℃。牛蒡适宜在土层深厚、排水性好的肥沃壤土中种植,尤以沿河两岸的冲积土或有机质丰富的夜潮土最为理想。

牛蒡春、秋两季均可播种,春播多在3月中旬至4月中旬进行,秋播多在8月上旬进行。播种前,按60厘米垄距挖宽30~40厘米、深90厘米的坑,按每667平方米施1500千克腐熟农家肥作基肥,并一层农家肥、一层土壤地均匀施入坑中。

播种前要浸种催芽,用25℃~30℃的温水浸种4~6小时,置于25℃~30℃条件下催芽,30个小时后种子露白时即可播种。按25~30厘米株距,每穴播3~4粒种子,覆盖2厘米厚的土并踩实。每667平方米用种量400克,播种后10~12天出苗,出苗后间苗1次,出现2片真叶时再间苗1次,出现3~4片叶时定苗,苗距25厘米。定苗后进入旺盛生长期进行第一次施肥,每667平方米施人粪尿1000千克或氮肥10千克、钾肥15千克。第二次追肥在6月中旬进行,每667平方米施氮肥10千克、钾肥15千克。在施肥的同时进行培土。牛蒡怕涝,应注意雨后排水。

牛蒡收获期很长,春播从6月上旬开始,直到翌年4月上旬均可随时收获。山东省一般于4月份播种,10月份收获,667平方米产量2000~3000千克;秋播在8月下旬播种,收获期为12月上旬至翌年4月上旬。收获时在植株上留10~20厘米的叶柄,砍去叶丛,用铁锹在牛蒡肉质根侧面挖深80~90厘米即露出牛蒡根,可用手握住牛蒡根基部斜着向上轻轻拔出。

十二、韭菜、葱、蒜、姜

72. 在冬季怎样利用中棚生产韭菜？

冬季利用中棚栽培韭菜，管理方便，成本低，产量高。用作栽培韭菜的中棚宽 3～6 米、高 1.3～1.5 米。如能在棚的北侧筑 1.1 米高的墙，形成半拱圆中棚，则保温防寒能力更强。

棚内栽种韭菜最好用 2 年以上的根株，采用大撮稀栽，每撮不少于 30 株，行距 30～40 厘米、撮距 20～25 厘米。栽后按露地韭菜管理，秋季一般不收割，以养根壮苗。

在 10 月下旬土壤上冻前搭好棚架，11 月下旬至 12 月上旬韭菜叶完全枯黄时，清理地表枯残叶，锄松畦面，晾晒 3～4 天，每 667 平方米撒敌百虫 1.5～2 千克以防治地蛆。畦面铺施腐熟圈肥或沟施尿素和磷肥，然后浇一次透水，等地面稍干时扣棚。

扣棚后，可在晴天浅锄畦面，促进韭菜萌发生长。生长期间白天温度应保持 15℃～20℃，夜间温度 5℃～7℃。严寒季节应加强保温，白天温度应保持在 12℃以上，夜间 0℃以上。扣棚后 40～60 天，在元旦或 1 月中旬可收获第一刀，以后每隔 25～30 天收获一次。春季收第二刀后要及时通风，防止韭菜生长细弱而倒伏。3 月中旬至 4 月上旬可撤棚。

冬季韭菜生长慢，水分蒸发少，应掌握少浇水、浇小水的原则，一般不再追肥。收割第二次后如发现韭蛆，可用敌百虫灌根。

73. 怎样科学收割韭菜?

韭菜为多年生蔬菜,一年可收割多次。为防止韭菜早衰,使其连年高产,生产中应注意控制收割次数,处理好收割和养根、前刀与后刀、当年产量和翌年产量等关系。

韭菜每年收割的次数应根据植株长势、土壤肥力及市场需求确定。当年种植的韭菜不宜收割,以养根为主。第二年以后的收割以春韭为主,春韭品质好,效益高,一般 4～6 月份可收割 3～4 次。夏季炎热,韭菜生长慢,品质差,一般以养根为主,只收薹韭或韭花。秋季韭菜品质较好,但为了养根越冬,一般只收割 1～2 次。如进行保护地栽培,秋季可不收割,冬季生产盖韭。

韭菜收割间隔天数应根据植株长势、气候条件及市场需求确定。春季一般从返青到收割第一刀约 40 天,第二刀间隔 25～30 天,第三刀间隔 20～25 天,以植株高 30 厘米、具七叶一心时收割为宜。收割过早,植株易早衰,产量低;收割过迟,植株易倒伏,品质差。

韭菜以在清晨收割为好,这样可保持产品鲜嫩。收割时留茬以高出地面 3～4 厘米为宜,在米黄色叶鞘处下刀为好。如果留茬过高,产量低;留茬过低,则影响植株分蘖及生长。一年当中每茬收割应比上一茬留茬高出 1 厘米左右,这样有利于下一茬的生长。

74. 种植大葱应选择什么样的土壤? 种植大葱为什么要多次培土?

大葱对土壤适应性较强,无论是砂壤土还是黏壤土均可栽培。由于砂壤土有机质含量少,而且保水保肥力差,所以在砂壤土上种植的大葱葱白粗糙松弛,外干膜层数多,不脆嫩,辛辣味重,不耐贮运。在黏壤土上种植的大葱，虽然组织致密结实，葱白洁白脆嫩，但因土壤通气性差，不利于根系发育，易导致植株纤弱，葱白细长，产量低。实践证明，大葱要获得优质高产，需选择土层质地疏松、呈粒状的深褐色黏质壤土，而且要选择土壤耕作层深厚、有机质丰富、肥水保持力强的地块种植。

大葱的主要食用器官是葱白，培土可以软化叶鞘，防止倒伏，提高葱白的产量和质量。

大葱叶鞘伸长需要黑暗和湿润的环境。一般来说，培土越高，葱白越长，葱白组织也较充实洁白。当大葱进入旺盛生长期以后，随着叶鞘的加长，应及时通过行间中耕，分次培土，将行间垄土培到葱沟内，使垄沟变为垄背。每次培土的高度应根据假茎生长的高度（大约 3～4 厘米）确定，将土培至叶鞘与叶身的分界处，即只埋叶鞘，不埋叶身，以免叶片腐烂。从立秋到收获，一般需培土 3～4 次。培土时注意不要伤根，拍实垄背两边的土，防止雨水冲刷或浇水后引起塌落。培土应在土壤湿度适宜时进行，过干不易操作，过湿易造成泥浆，导致土面板结。

75. 大蒜叶片为何会出现“干尖”现象？

大蒜在幼苗期的吸收根由纵向生长转为横向生长，并吸收养分和水分供植株生长发育之需，功能叶不断长出，进行光合作用，制造养分；植株生长也由依靠母瓣逐渐过渡到由叶片光合作用而独立生长。在此期间，母瓣因养分殆尽，逐渐萎缩，最后变为干瘪的成膜状物，这一过程称“退母”或“烂母”。在“退母”期间，大蒜鳞芽及花芽正处在分化期，需大量养分，这时母瓣养分已耗尽，植株靠自养还不很适应，因此养分供应处在青黄不接的状态，表现在植株上为第一至第四片叶尖端枯黄，这种现象称为“干尖”。由此可知，“干尖”是大蒜植株的一种生长过渡状态，不是施肥少，更不是病害造成的。

76. 怎样防止大蒜开散?

大蒜开散也叫散蒜瓣。大蒜开散的原因,一是由于秋播过早,春前形成小蒜瓣,且受低温影响,天气转暖后蒜瓣又萌发新芽,整个鳞茎长出许多细小叶片,而蒜瓣并不肥大。此外,如果采收前施氮肥过多,浇水过频,也会使蒜瓣发芽。二是由于收获过迟,正常的蒜头茎盘腐烂,蒜瓣散开,成为散瓣蒜。如果蒜头膨大前期遇干旱,膨大后期雨水多,土壤黏湿,也会导致蒜瓣开散。为防止大蒜开散,生产上要注意田间排水,适时收获。尤其在鳞茎膨大后期要控制肥水。注意秋播不宜过早。

77. 为什么会出现"独头蒜"?

大蒜的主要产品器官是蒜头和蒜薹。蒜头由蒜瓣组成,因此蒜瓣的大小和多少将直接影响大蒜的产量和品质。生产中常会出现"独头蒜",即一头蒜中只有一瓣蒜,蒜头小,且品质差,严重地影响了生产效益。

"独头蒜"不是品种特性,也不是品种的退化,更无遗传性。造成"独头蒜"的主要原因是植株营养不足,如用个体很小的气生鳞茎作蒜种,多会产生"独头蒜"。春播大蒜或秋播过迟,因其生长期短也常常会出现"独头蒜"。此外,蒜种太小,缺肥少水,密度过大等均会造成"独头蒜";不良环境的影响,如气候条件和栽培措施不适宜鳞芽的分化和发育,往往会产生"独头蒜",因此异地换种常会出现"独头蒜"。

78. 怎样培育蒜黄?

蒜黄是在遮光的栽培环境下软化的蒜苗。蒜黄叶片鲜黄幼嫩,是冬春季较贵重的蔬菜。栽培蒜黄必须具备黑暗的空间、适宜的温度和湿度、肥大的蒜种等条件。

利用保护地生产蒜黄,多采用半地下式温室、井窖和窖洞栽培。半地下式窖坑一般长 5 米、宽 3 米、地下深 40～50 厘米,填上 15 厘米细沙或 13～14 厘米肥沃的园土,地上土墙高 60～70 厘米,窖底用坚实的木材和秸秆覆盖后压土 15～20 厘米厚。蒜头可选苍山大蒜、狗牙蒜等品种,栽蒜前将蒜头剥去外皮后用水浸泡一夜,捞出晾干水分,除去中心干枯蒜薹和底盘,以利于吸水和发根。将整头蒜或蒜瓣一头挨一头或一瓣挨一瓣地囤栽于窖坑内,空隙处用散瓣蒜填满,尽量密植。栽完后覆盖沙子或细土,然后灌水,使土壤充分湿润而不积水。每平方米可栽干蒜瓣 15～20 千克。

培育蒜黄的管理主要是控制好温度和湿度,防止烂苗。栽植初期,窖内温度应保持 25℃～30℃,使其尽快出苗。出苗后窖温应保持 15℃～20℃,使蒜苗健壮生长。冬季气温低,可生煤火加温。当苗高达 2～3 厘米时浇第二次水,苗高 13～17 厘米时浇第三次水。每次浇水或喷水不应过多,使畦床湿透即可。

蒜黄一般栽后 25～30 天,苗高约 40 厘米时即可收获。收割后 2～3 天,切口愈合后浇 1 次水,经 15～20 天即可收第二茬。

79. 怎样减少洋葱的未熟抽薹?

在洋葱生长过程中,常出现鳞茎未充分膨大就过早抽薹的现象,这种现象称为“未熟抽薹”。未熟抽薹使植株营养大量流向生殖生长,使鳞茎不能充分膨大,将严重影响产量和品质。引起未熟抽薹,除气候因素外,还有品种特性和栽培技术方面的原因。

首先,不同品种的洋葱对低温的反应不同,有的品种冬性弱,对低温表现敏感,在幼苗较小时就可通过春化而先期抽薹。有的品种表现不敏感,在幼苗较大时才能感受低温而抽薹。所以在生产中应注意选择冬性较强的品种,以减少未熟抽薹。

其次,洋葱幼苗过大,植株积累养分多,是造成先期抽薹的主要原因。因洋葱属于绿体春化植物,只有当幼苗长到一定大小后,才能有效地通过低温春化。因此,应通过调节播种期及苗期管理来控制冬前的幼苗生长,有效地避免和减少先期抽薹。但是,冬前幼苗也不能太小,否则耐寒力降低,越冬期间死苗率高,而且返青后幼苗小,生长期短,将降低产量。因此,既要使洋葱幼苗在越冬前有足够的生长期,使幼苗长到一定的大小,又不致使幼苗达到春化所需的生长状态。以山东为例,使越冬前洋葱幼苗出现3～4片叶、苗高15～20厘米、假茎直径在0.1～0.8厘米,可有效地控制抽薹率。所以山东各地洋葱的秋播时间为9月上中旬。

此外,定植过早、过稀,追肥过多,营养条件好,也会使冬前植株过大而先期抽薹,应注意在定植时间和田间管理上加以避免。

80. 生姜种植前应如何培育壮芽?

健壮的姜芽可长出健壮的幼苗,细弱的姜芽则往往长出瘦弱的小苗。因此,培育壮芽是生姜获得丰产的重要技术措施,要注意把好以下两个环节。

(1)晒姜和困姜 清明前后,从井窖中取出种姜平铺在草苫上晾晒1～2天。在晒姜过程中,随时剔除瘦弱干瘪、质软变褐的劣质姜种,傍晚时收进室内堆放3～4天,在姜堆盖上草苫进行“困姜”,促进姜块养分分解。一般经过2～3次晒姜和困姜即可进行催芽。

(2)催芽 多采用室内池式催芽法。在住房的一角用土坯建催芽池，池墙高80厘米左右，池的长、宽根据种姜的多少确定。在催芽池内排放种姜前，先在池底排放一层厚约10厘米的麦穰，池的四周也围上一层麦穰。麦穰上再铺2层草纸。选晴暖天气进行最后一次晒姜，趁种姜体温较高时将种姜一层一层地平放入池内，排列要整齐，堆放厚度以50～60厘米为宜。种姜排好后，为使其散热，可于第二天再盖池。盖池时，先在种姜上盖3～4层草纸，而后在纸上盖厚10～12厘米的麦穰，最上层用棉被等覆盖保温。盖池20～25天后，姜芽长至1～1.5厘米、粗为1～1.2厘米时即可播种。

近年来，也有少数菜农利用阳畦催芽，效果也不错。但无论采用哪一种催芽方法，最重要的是控制好催芽温度，一般温度以保持在22℃～25℃为宜。

81. 种姜为何要插姜草？

生姜为耐阴性作物，不耐强光和高温，故菜农有“生姜晒了箭（叶片），等于要了命”的说法。生姜幼苗期正值炎热夏季，阳光强烈，因而必须对其采用遮荫措施，才能使姜苗生长良好，否则姜苗矮小，将导致减产。

北方地区多在姜畦南侧用谷草、玉米秸或带叶枝条插成稀疏的花篱为姜苗遮荫，称为“插姜草”。其具体做法是：播种后趁土壤潮湿松软，以3～4根谷草为一束，在姜畦南侧交互斜插，编成花篱，高约70～80厘米，稍向北倾斜，使姜畦呈花荫状态。处暑前后，天气转凉，光强渐弱，可拔除“姜草”。近年来，在姜地上方或行间搭建遮阳网遮荫的做法较为普遍。

82. 怎样防止姜腐烂病的发生？

姜腐烂病是生姜种植最常见的病害，又称“姜瘟病”或“姜腐败病”。该病是影响生姜生产的毁灭性病害，发病地块一般减产10%～20%，重者达50%以上，有的甚至绝产。因此，预防及控制姜腐烂病的发生是生姜生产中的重要环节。据报道，姜瘟病一旦发生，采用药剂防治收效不明显。因此，应从栽培管理的各个环节采取综合预防措施，杜绝发病条件，从根本上防止姜瘟病的发生。根据姜腐烂病的发病特点，主要预防措施如下。

(1)实行轮作换茬 生姜种植的前茬最好选用新茬菜地或种植粮食作物的地块，菜地最好是葱蒜茬。实践证明，实行4年以上的轮作，并使用无病种姜，加上精细的管理，对控制姜腐烂病的发生有显著效果。

(2)严格选用无病种姜 10月上旬，姜田病情已基本稳定，可在无病姜田进行严格选种，选健壮无病的植株留种，收获后单收单贮。第二年催芽前再严格挑选，以防带病种姜传播病害。

(3)浸种消毒 催芽前用1∶1∶100的波尔多液浸种20分钟，或1%石灰水浸种30分钟，或高锰酸钾1 000倍液浸种10分钟，或农用链霉素4 000倍液浸种12小时消毒后，将种姜用清水洗净，捞出晾干后催芽。

(4)选地和整地 应选择地势较高、排水良好的地块，整地做姜沟(一般不超过18米长)，以利于排灌，防止田间积水引发病害。

(5)灌净水 姜田最好采用井水灌溉，并防止水被污染。灌水最好单沟或单田进行，不可大水漫灌，防止病害侵染蔓延。如有条件，应采用管道灌溉或滴灌。

(6)施净肥 不能施用病株或病土沤制的农家肥，施用农家肥一定要充分腐熟。

(7)及时清除病株 如在田间发现中心病株，应及时铲除，而且要铲除相邻的无病植株，挖去带病土壤。在病穴内撒施石灰或漂白粉液，而后用干净的无菌土填充病穴，以控制病害蔓延。

83. 怎样生产软化姜芽?

软化姜芽是种姜在避光并保持环境温度适宜的条件下萌发的幼芽。当幼芽长到符合要求的标准后即可收获,经初步整理即为半成品,再用醋酸盐水进行腌制即为成品。

软化姜芽的生产可在地窖、防空洞和房内或大、中、小棚及阳畦内进行。但不论采用哪种形式,均应注意避光。若栽培场所空间不大,可利用立柱支架做成多层栽培床。栽培床可用砖砌成,高20～25厘米、宽1～1.5米,长度根据场所而定。在床底铺1～10厘米厚的细土或细沙,其上密排种姜,一般每平方米可排种姜15～20千克。为增加姜芽数目,提高单位重量种姜的成苗数,种姜可选用密苗型品种,如莱芜片姜。为促进多发芽,可将种姜掰成小块,使芽一律向上,排满床后,在种姜上覆盖6～7厘米厚的细沙,用喷壶洒水,使下部细沙或细土充分湿润,但不能积水。洒水后要求种姜上的细沙厚度达5～6厘米,否则长出的幼芽下部根茎过短。

种姜排好后,要求栽培场地避光并保持室内床温为25℃～30℃。若沙土见干,应再浇透水,始终保持床土湿润而不积水。一般经过50～60天,幼苗长至30～40厘米即可收获。收获时应从栽培床的一端开始,将姜苗连同种姜一并挖出,小心掰下姜苗,用清水洗净泥沙后去根。根茎过长者可从底部下刀切去多余部分,留下4厘米长的根茎即可。根茎过粗者,用直径1厘米的环形刀切去外围部分。根据姜芽茎的粗度进行分级后,再切去姜苗,使姜芽总长为15厘米,最后放入醋酸盐水中腌制。收获姜芽后的种姜,若仍有较多幼芽,可再按前述方法排入栽培床内,使姜芽萌发生长,继续收获第二茬姜芽。

十三、芋、薯

84. 怎样种植芋?

芋又名芋头、毛芋头、芋艿。芋的食用部分为球茎,其营养价值较高。芋既可作蔬菜,又可当粮食。华北地区多栽培旱芋,其栽培要点如下。

(1)土壤选择 选择地势平坦、肥沃、保水力强、浇灌方便的地块栽种芋。

(2)整地、施基肥 芋球茎有向上生长的习性,且根系分布较深,所以要求土层深厚、松软。芋喜富含有机质的土杂肥,每667平方米施2000～2500千克土杂肥作基肥。此外,增施磷、钾肥可增加芋球茎的淀粉含量和香气。

(3)选种、播种、育苗和栽植 应选择具有本品种特性、顶芋充实、完整的子芋作芋种。种芋大小以每千克20个左右为宜。种芋选好后晒2～3天,以促进萌芽。利用拱棚或阳畦育苗,一般于栽前20～30天进行育苗,播种株行距为6～10厘米,盖土厚度为6厘米左右。待苗高13～16厘米时即可栽植。芋宜深栽,深栽有利于球茎发育,栽植深度可达16～20厘米。栽植密度为行距65～80厘米、株距30～40厘米,667平方米栽2200～3300株。

(4)追肥和浇水 芋生长期长,需肥量大,应多次追肥,一般施肥3～4次。芋在整个生长期内忌干燥,但土壤也不可过湿。生长期应保持土壤湿润,生长盛期及球茎形成期宜早晚灌沟,供给充足的水分。

(5)培土 子芋和孙芋是从母芋中下部发生的，培土可促进不定根的发生，提高抗旱力，控制顶芽生长。一般在子芋和孙芋开始形成的6月份培土，共培土2～3次。

芋原产于高温多湿的地区，在13℃～15℃的条件下，球茎开始发芽，生长期要求20℃以上的温度，球茎发育所需温度以27℃～30℃为宜。华北地区种植旱芋多为春种秋收。

85. 什么是豆薯？怎样种植？

豆薯也叫地瓜、凉薯、沙葛，属豆科，一年生缠绕性草质藤本。因其地上部可结豆荚，地下块根像红薯，所以称为豆薯。豆薯块根肥大，肉洁白、脆嫩、多汁，富含糖分、蛋白质和维生素，可生食也可熟食，是一种粮菜兼用的优质菜蔬。豆薯主要种植在长江流域，北方栽培较少，近年来在山东各地已有栽培。

豆薯为蔓性茎，三出复叶，紫蓝色或白色蝶形花，荚果。地上部整个植株形态与菜豆很相似。块根呈扁圆形、圆锥形或纺锤形，具纵沟，皮薄而坚韧，易剥离。

豆薯喜高温，30℃左右的温度对其生长最有利。其块根可在较低的温度下膨大，但开花结荚期要求高温，所以在我国北方地区，因其生长后期温度低，往往不能收获种子。豆薯根系强大，耐干旱和贫瘠，一般以土层较深、土质肥沃、疏松透气、排水较好的黄壤土最适宜其生长。豆薯生长期长，在无霜期较短的地区，可进行育苗移栽，用温床或薄膜冷床育苗。播种前先用温水浸种5～6小时，然后置于25℃～30℃的条件下催芽，待大部分种子出芽时即可播种。最好采用营养土块护根育苗方法。播后15～20天，当幼苗出现2片真叶时即可定植。定植时应注意将主根理直，不可伤根。因豆薯生长期长，定植前应重施基肥，每667平方米施堆肥加粪干1 500～3 000千克、草木灰100千克，施肥后深耕整平地面，做成宽1.3米的平畦。其定植密度:纺锤形品种的行距为33～40厘米、株距为26～33厘米;扁圆形品种的可密植,行距为20厘米、株距为17～23厘米。

豆薯的追肥可分三次进行:定植后苗高10～13厘米并开始抽蔓时追第一次肥;出现20片叶左右时摘心,将所有侧芽去掉,追第二次肥;盛花期追第三次肥。追肥应重施钾肥,轻施氮肥。植株现蕾后,若不留种,应及时摘除花蕾。

豆薯播种后5～6个月,其肉质根已充分膨大,此时应及时采收。北方采收期多在9月下旬至10月下旬。

86. 怎样进行春马铃薯地膜覆盖栽培?

春马铃薯采用地膜覆盖栽培,可以延长生长期,增加产量,还可以提早上市,增加经济收入。春马铃薯地膜覆盖栽培要点如下。

(1)选用适宜品种 可选用东农303、克新4号、鲁马铃薯1号、荷兰7号等品种,每667平方米用种量为120～150千克。

(2)深耕细作,施足农家肥 马铃薯喜农家肥,施用农家肥可以培肥地力,增加土壤透气性,增强根系生活力,提高植株的抗逆性。在开春土壤解冻后,每667平方米施优质圈肥5 000千克、过磷酸钙30千克、草木灰50千克,施肥后耕入土中20～30厘米。如基肥不足,可以在播种时增施种肥,每667平方米施复合肥50千克或豆饼50千克、碳酸氢铵50千克和硫酸钾20千克。

(3)播种盖肥 马铃薯播种期在惊蛰前后,按70～80厘米宽开沟,沟深5厘米。若墒情差,可在沟内浇水后再放马铃薯种,种块按株距25厘米排好,在两株间施入种肥和防虫毒饵。播种后培土封垄,垄高为20厘米,垄宽为55厘米。最后选用宽90厘米、厚0.006厘米的地膜(每667平方米用地膜7.5～10千克)覆盖在垄上,并拉紧盖严。

(4)田间管理 封垄 20 天后，马铃薯苗基本出土，此时可选晴天破膜出苗。根据长势及土壤墒情，在马铃薯的整个生育期只需浇 2～3 次水。5 月中下旬，为防止蚜虫为害，在蚜虫发生初期，可用 3%啶虫脒乳油 1 000～1 250 倍液，或 6%吡虫啉乳油 3 000～4 000 倍液，或 25%噻虫嗪水分散粒剂 3 000 倍液喷洒植株。

此外，地膜覆盖栽培马铃薯，可以套种玉米，在 4 月中旬于两垄马铃薯之间种一行玉米，实现双种双收，增加效益。

十四、芹菜、油菜、菠菜

87. 怎样种好夏秋芹菜?

夏秋芹菜是指夏季播种、秋季收获的一茬芹菜。由于夏秋芹菜生长期处在炎热多雨的季节,气候条件不适于芹菜生长,所以易发生杂草、病害,往往造成植株生长差、产量低、品质差。但这一茬芹菜是早秋堵淡的重要绿叶菜,经济效益较高,因此在生产中栽培面积也较大。夏秋芹菜在栽培中应掌握的主要技术要点是降温排涝,防草防病,加强田间管理。

(1)选择适宜品种 选用耐热、抗病的黄苗空秸品种。

(2)播种 山东有大部分地区在5月上旬至6月下旬播种。5月份播种,温度不太高,播种前应进行浸种催芽,待出芽后再播种。播种一定要采取湿播法,即先在畦内浇水,待水渗下后再播种,播种后覆土厚度为0.5～1厘米。若在6月中旬后播种,因气温高,干热风多,为降温保湿,可在播种后于畦面覆盖薄草苫或苇箔遮荫,形成阴凉的小气候,这样出苗快,而且整齐,出苗后即撤去覆盖物。

(3)田间管理 出齐苗后,应经常浇小水,使畦面保持湿润,降大雨后要及时排除积水,以防止涝害。幼苗出现5～6片叶后,生长加快,管理上要以促为主,一般不蹲苗。追肥应掌握少量多次的原则,宜追速效肥,如尿素、碳酸氢铵等;不宜施用农家肥,以免引起烂根。夏季温度高,要经常浇水,降低地温,保持地面湿润。发现蚜虫应及时喷6%吡虫啉乳油3 000～4 000倍液,或25%噻虫嗪水分散粒剂 3 000 倍液等防治。发生斑枯病，可喷 40%多菌灵 500 倍液或其他药剂防治。

88. 怎样种植西芹？

西芹也叫洋芹，是芹菜的一个变种。西芹在欧美国家普遍栽培，其特点是叶柄宽厚，实心，纤维少，味道清淡，单株较重，约为 0.5～1 千克。近年来，随着蔬菜生产的发展，西芹也开始在我国各地引种。

西芹对温度的适应性较强，生长适宜温度为 15℃～20℃，要求中等光照，如果光照过强光其组织会老化，品质变差。

西芹栽培方式与本芹大体相似，但也有其特点，其栽培技术如下。

(1)育苗 西芹苗期较长，一般为 60～90 天。可选择美国西芹佛 683、夏芹和意大利冬芹等品种育苗。苗床应选择地势较高、保水保肥的壤土，施足基肥，精细整地后做成宽 1.2～1.5 米的平畦。播种前要催芽，待 60%以上的种子发芽后即可播种。若在高温季节播种，应在播后用草帘覆盖，出苗后撤去草帘。幼苗出土后应常浇小水，保持畦面湿润。幼苗出现 2～3 片叶时，应及早间苗、除草和喷药防治蚜虫。幼苗出现 5～6 片叶时即可定植。

(2)定植 定植前土壤应施入大量农家肥及过磷酸钙。因西芹不同品种的单位产量差异较大，所以栽培密度因品种而异。单株重 0.6～1 千克的品种，行株距为 25～35 厘米；单株重 0.3～0.6 千克的品种，行株距为 17～25 厘米；单株重 0.25～0.30 千克的品种，行株距为 13～17 厘米。

(3)田间管理 西芹定植后 15～20 天内为缓苗期，应小水勤浇，保持土壤湿润。缓苗后 30～40 天为缓慢生长期，应适当控制浇水，土壤湿度以见干见湿为宜。同时要进行中耕，以促进根系生长。

随着植株营养体的增大,植株进入旺盛生长期,此时应肥水齐攻。一般追肥2～3次,每次每667平方米追施尿素10～15千克、硫酸钾10千克、磷酸二铵4～5千克。若土壤缺硼,可每667平方米施硼砂0.5～0.75千克,防止叶柄劈裂。为防止黑心病,可喷0.2%～0.4%的氯化钙溶液。当西芹长至40厘米以上时即可开始收获。

89. 怎样栽培春小油菜?

小油菜也叫小白菜、青菜、白菜等,是人们非常喜欢食用的一种绿叶蔬菜。春油菜生产中存在的主要问题是未熟抽薹,影响产量及品质。栽培春小油菜要想获得高产优质,应注意抓好以下几个环节。

(1)品种选择 选用生长迅速、耐寒力强、抽薹晚的品种,如青帮油菜、四月慢、五月慢及冬冠等。

(2)播种期及播种方法 如播种太早,幼苗易经受低温而未熟抽薹,故应在旬平均温度达4℃～5℃时播种较为适宜。山东省播期在3月上中旬。若采用保护地栽培可提前播种。春季一般多实行直播。每667平方米播种量为0.4～0.6千克。一般不间苗或适当疏苗。播种量过大,植株密集,营养不足,也易抽薹开花。播种方法有撒播和条播两种。播种时墒情要好,对于墒情不好的要灌底水播种,条播行距为10～15厘米,覆土厚度为1.5～2厘米。油菜定植栽培用冷床或小拱棚等保护设施育苗。为了早收获,定植可以密些,行距10～12厘米,株距10厘米。

(3)田间管理 出苗后,若土壤不干不要浇水。如浇水太早将降低地温,影响幼苗生长,同时注意防止泥浆沾污子叶及生长点而引起大量死苗。可在幼苗出现2片叶后浇水,而且水要小、要清。

当幼苗出现3～4片真叶时，可开始追速效氮肥，以后注意保持土壤湿润并结合浇水分期轻施氮肥。地力薄，未施基肥，浇水追肥不及时，营养生长不良等，易导致未熟抽薹。

90. 夏油菜栽培的技术要点是什么？

夏油菜栽培的关键是防高温和防涝。故在选种播种和田间管理中要注意防高温和防涝的问题。

(1)选种及播种 应选耐热、抗涝、生长快、抗逆性强的品种，如上海火白菜、南京高脚白、绿秀(91-1)等。夏油菜以直播为主，播种方法有条播或撒播两种。每667平方米播种量为1～1.5千克。如播种量少，出苗稀，幼苗易被烈日灼伤，同时烈日下幼苗生长缓慢；播种量大，幼苗互相拥挤不通风，容易徒长，也经不起雨打。故播种量要适当，防止出苗过稀或过密。

(2)田间管理 播种至出苗期间要勤浇水、浅浇水。出苗后继续浇小水，保持土壤湿润，降低土壤温度，防止幼苗萎蔫，减轻病毒病发生。无雨时2～3天浇1次水，浇水最好在清晨和傍晚进行。油菜不耐涝，雨后要及时排水。间苗要及时，第一次间苗在幼苗出现2～3片真叶时进行，苗距为2～3厘米；第二次间苗在幼苗出现3～4片真叶时进行，苗距为4～5厘米。间苗也可结合收获进行。第二次间苗后，结合浇水每667平方米追施硫酸铵15～20千克。

91. 越冬菠菜什么时候播种最合适？

越冬菠菜冬前播种时期对幼苗越冬能力、收获时间及产量都有很大影响。如播种过早或过晚，都会造成幼苗过小或过大，均不利于越冬。生产实践证明，菠菜越冬前停止生长而且有5～6片叶最为合适,因此时幼苗抗寒性最强,可安全越冬。根据气候情况和叶片生长速度,山东各地越冬菠菜于9月下旬至10月上旬播种最适宜。

十五、莴笋、生菜

92. 莴笋为什么会出现“窜薹”现象?

莴笋是以肥大的嫩茎为产品器官的蔬菜,在生产上常因管理不善而发生嫩茎徒长和早期抽薹现象,影响产量和品质。菜农称嫩茎徒长和早期抽薹的现象为“窜”。在肥力不足的情况下,浇水过多,嫩茎徒长细长,表现为“涝窜”;在土壤干旱及高温情况下,嫩茎细弱,且茎皮粗糙变厚,品质下降,表现为“旱窜”。莴笋的正常长相是:叶片肥厚平展,叶片排列密集,生长顶端低于莲座叶最高点。要使莴笋正常生长,在其生长期要保持均匀浇水;嫩茎进入旺盛生长期后,为促进嫩茎迅速加粗,要肥水猛攻,以防脱肥缺水而“窜”。据有关经验报道,在莴笋嫩茎膨大期,用 500～1 000 毫克/千克青鲜素进行叶面喷施,可较好地抑制花茎抽生。

93. 怎样种植生菜?

生菜又称叶用莴苣、莴菜、包生菜。生菜生长期短,散叶生菜栽后 35～50 天、结球生菜栽后 60～85 天即可采收,是理想的速生菜。春季栽培生菜,多在冷床、塑料中棚中育苗。一般于 2 月下旬至 3 月份播种,也可露地育苗,但露地育苗要推迟至 4 月份播种。早春播种,气温低,要注意防寒。为使种子早发芽,可用温水浸种 20～24 小时后,置于 20℃条件下催芽。因生菜种子小,播种床土壤要疏松细碎,播种要均匀,覆土要浅。每 667 平方米播种量 0.5

千克,可定植6670平方米大田。当生菜幼苗出现3～4片真叶,苗龄为25～35天即可定植。生菜大田要及早深耕耙松,施腐熟堆肥1 500～2 000千克,注意磷、钾肥配合施用。生菜定植畦可做成宽160厘米的高畦,每畦种4行,株距30厘米,每667平方米栽4 400株。定植后浇水,以促其缓苗。缓苗后及时追肥,一般每隔7天追肥1次。采收前,尤其是结球生菜后期要适当控制水分,防止叶球开裂。生菜以生食为主,追肥应以化肥为主,尽量不用农家肥。

94. 怎样种植名优蔬菜薹干?

薹干又名响菜、蜇菜,属菊科莴苣属莴苣种1～2年生蔬菜,能形成细长的肉质茎。其肉质茎经过加工晾晒后可成为一种纯天然的绿色高档脱水蔬菜,色泽鲜绿、质地爽口、味若海蜇,食用价值极高,是闻名中外的高档蔬菜。

薹干可在春、秋两季种植。山东省春季可在3月上旬播种,秋季多在8月上旬播种。种植薹干可选早熟、高产、优质的品种,如涡青1号、涡紫1号等,每667平方米播种量为0.5千克。选择肥沃的砂壤土或棕壤土,每667平方米施土杂肥2 500千克、过磷酸钙50千克作基肥。做宽1.5米的畦,畦内施入硫酸钾15千克、碳酸氢铵50千克。播种前将种子用清水浸泡3～4小时,在25℃条件下催芽2天,当70%种子露白后即可播种。首先在畦内按行距35厘米开浅沟,然后浇水、播种,覆土厚度为0.2～0.3厘米。种子出土后子叶展平时,进行第一次间苗,苗距为3～5厘米;幼苗出现3片真叶时进行第二次间苗,苗距为10～12厘米;幼苗出现6片真叶时定苗,苗距为30厘米。定苗后追肥浇水,每667平方米施尿素20千克;抽生薹干后追第二次肥,每667平方米追施尿素10千克。定苗后要保持土壤湿润,收获前7～10天停止浇水。若采用育苗移栽的,在幼苗出现6片叶时定植,定植后控水蹲苗,以后的管理同直播。

春播薹干播种后95～100天、秋播薹干播种后80天，其心叶与外叶长平，茎顶端出现花盘时即可收获。如需加工干菜薹干，收获后要分好等级，去掉老根老叶，留顶端5～6片嫩叶，用刀片刮去老皮，用小刀将茎纵切成1～2厘米宽的长条，晾晒1～2天，七成干时收起打捆，再晾至含水量为18％以下时，即可包装入库。

十六、蕹菜、茼蒿、落葵

95. 什么是蕹菜？怎样种植？

蕹菜也称空心菜、通菜、藤藤菜，属旋花科草本植物。蕹菜以嫩梢嫩叶供食用，营养丰富，味道鲜美，是夏季及秋初的重要绿叶菜。

蕹菜喜高温多湿环境，喜充足光照，且耐弱光。对土壤要求不严，但以保水保肥力好的黏壤土为好。蕹菜生长的最适宜季节为高温多雨的夏季，低洼地、排水沟及水塘边沿是其生长的良好场所。

北方栽培的蕹菜类型多为子蕹，因子蕹耐旱性强于藤蕹，可旱田栽培。子蕹品种多采用白花子蕹、紫花子蕹。

栽培蕹菜可育苗移栽，也可露地直播。华北地区种植如采用塑料拱棚或改良阳畦育苗，可在3月中旬至4月上旬播种，每平方米播种75克左右。播种后40～45天，苗高10厘米，具4～5片叶时即可定植。一般做宽1.1米的平畦，每畦4行，穴距20厘米，定植时应尽量减少伤根。华北地区一般在5月1日前定植完毕。

蕹菜喜肥水，定植后3天浇缓苗水，以后经常浇水，以保持土壤湿润，每隔10～15天施尿素10千克。生长期间要注意除草。当幼苗长至30厘米时即可采收，采收时每蔓基部要留2节。

蕹菜栽培采用露地直播的，华北地区一般安排在4月下旬至8月上旬。播种前施足基肥，做成1.1米宽的平畦，而后开沟播种，每畦开4条沟，沟深3～4厘米，将催好芽的种子均匀地播种在沟内，每 667 平方米播种 10 千克，播后浇水。播种后 7 天左右可齐苗。田间管理同育苗栽培。

96. 怎样栽培茼蒿？

茼蒿在山东各地春、夏、秋季均可栽培。夏季栽培往往生长不良，因此多在春、秋两季栽培。一般从 3 月上旬至 4 月上旬春播，可排开播种，分期收获；秋播可在 8～9 月份排开播种。

茼蒿实行平畦栽培，既可条播，也可撒播。春播多采用浸种催芽播种。播种采用湿播法，先浇底水，水渗下后播种，覆土厚 1 厘米。秋播可以催芽湿播，也可干籽直播。每 667 平方米用种量为 4～5 千克。播种后，幼苗出土前要保持畦土湿润，以利于出苗。苗出齐后可减少浇水次数，保持畦面见干见湿。幼苗出现 1～2 片真叶时进行间苗并除草，苗距为 4 厘米左右。生长期间追施 1～2 次速效氮肥，并及时浇水。当株高 20 厘米左右时即可开始采收。若收获太迟，植株表皮老化，品质下降。可实行多次采收，于主茎部留茬收割后进行追肥、浇水，促进侧枝再生，20～30 天后可再收获。

97. 怎样种植落葵？

落葵又叫木耳菜、胭脂菜、紫葵。落葵是一种新兴蔬菜，以其质优味美、易栽易管而受到广大消费者和生产者的青睐，近年来栽培面积迅速扩大。落葵从春季至初秋均可陆续播种，但以春播为主，山东省多在 5 月份播种。

落葵种壳厚且硬，出苗时间长，播种前应浸种 1～2 天，以促使种子早发芽出土。落葵可直播，也可育苗。播种前或定植前应结合整地每 667 平方米施腐熟堆肥 1 000 千克以上、复合肥 30 千克。

耕翻耙平后做成平畦，畦宽1～1.2米。直播的每畦播2行，每667平方米用种量为5～6千克。当幼苗出现4～5片叶时，按株距20厘米左右定苗。育苗移栽的，当幼苗出现4～5片叶时定植，每畦栽两行，株距20～25厘米。

当植株长至30厘米时摘心，以促其发侧枝。落葵分枝力较强，茎蔓生长旺盛，一般需支架栽培，可采用高2米左右的人字架。当侧枝长到20厘米左右时，即可摘取嫩梢食用。在生长期间，可陆续采收嫩叶嫩梢。搭架后，可根据采收情况及植株长势，适当追肥浇水。采收期间，及时摘除花茎，以利于梢、叶肥大，提高产量。

十七、薄荷、茴香

98. 怎样繁殖和采收薄荷?

我国栽培薄荷的历史悠久,全国各地皆有种植。薄荷嫩茎叶可供食用,茎叶中有薄荷油,具有特殊的清凉香味,是人们非常喜食的蔬菜。

薄荷茎节处易产生不定根,故多采用无性繁殖,生产上多采用分株繁殖。薄荷茎细弱,长至一定高度即匍匐地面生长,茎与地面接触处每一节均可发生不定根,并向上抽生 1 条新枝。可将匍匐茎从茎基部剪断,再一节节剪开,每一节即可产生 1 个新的植株。

薄荷栽植一次可连续收获多年,所以栽培薄荷的土壤应施足基肥并要深翻。一般栽培薄荷的行距为 50 厘米、株距为 35 厘米。当主茎高达 20 厘米时即可采收主茎嫩尖,主茎嫩尖采收后,侧枝迅速萌发生长,进入生长旺季后,每 15 天可采收 1 次。在冷凉季节每 30～40 天采收 1 次。

99. 怎样种茴香苗?

茴香苗的食用部分为幼嫩植株。因其植株和种子一样具有挥发油而有特殊香味,既可做调味品,也可做美味的馅食。

茴香苗喜冷凉,耐寒耐热能力强,春、夏、秋季均可栽培,生长的适宜温度为 16℃～23℃。茴香苗较耐弱光,对土壤要求不严格,在氮肥充足、浇水便利的情况下,可获得优质高产。

华北地区栽培的茴香苗主要是小茴香,在 3～9 月份均可播种栽培。为使茴香籽出苗快而整齐,播种前可进行浸种催芽,每 667 平方米播种量为 3～5 千克。播前先浇足底水,水渗下后均匀撒播种子,覆土厚 0.5 厘米。

幼苗出土后生长缓慢,易生杂草,应注意除草。茴香苗苗期宜保持畦面见干见湿。当植株长到 10 厘米时,要勤浇水,保持土壤湿润,并结合浇水追施速效氮肥。若一次采收完,可不间苗。若多次采收,要结合除草及早间苗,苗距为 5～6 厘米。当植株高达 30 厘米左右时,即可收获。如实行多次收获,收割时可留茬,待新芽长出 2～3 厘米后进行追肥、浇水,待长到适宜长度时收获。

十八、芦　笋

100. 怎样培育芦笋幼苗?

芦笋可用种子繁殖,也可用分株繁殖。分株繁殖虽然能保持植株的优良种性,但由于繁殖系数小,用工多,且易感病,所以生产上多采用种子繁殖。

芦笋种子发芽的最低温度为10℃,当春季土壤层4～5厘米地温达到10℃时,可进行播种。目前多采用保护地育小苗带土定植。芦笋种子种皮坚硬,播种前应进行浸种催芽。选近1～2年的新种子漂洗去除瘪籽和杂质,用50℃～55℃的热水浸种15分钟进行消毒,再放温水中浸种2～3天,然后置于25℃～30℃的条件下催芽,当20%的种子发芽时即可播种。每667平方米苗圃用种量0.9～1.1千克,可栽1.33～2公顷(20～30亩)大田。苗床应施足基肥,做成宽1.2～1.5米的畦。每隔5～10厘米开横沟,深为2厘米。在横沟内每隔7～10厘米播一粒种子,覆厚2～2.5厘米的细土,充分浇水后在苗畦上覆盖稻草,以保持床土湿润,促进发芽。如采用10厘米×10厘米×8厘米的营养钵育苗,效果更好。营养钵育苗的基质为1份园土加1份农家肥,将发芽种子点播到营养钵中。

播种后的关键是保温,白天保持25℃,夜间保持18℃,10～20天后苗可出齐。在大棚或温室中育苗,播种后应盖地膜提高土温,待出苗后揭去地膜。出苗后第三周每667平方米追施复合肥7.5千克或尿素10千克;7～8周后再施1次肥,使幼苗得以健壮生长。芦笋苗龄以70～80天为宜,此时幼苗高40厘米左右,地上茎4枝,根10条左右。

101. 怎样管理芦笋田和进行植株调整?

芦笋为多年生植物,头一二年应勤中耕、除草,加强肥水管理,使植株健壮生长,积累养分,尽快进入盛产期,头二年一般不收获。芦笋田宜于春、夏、秋季分次追肥,早春应重施1次农家肥。采笋期间追施氮肥2～3次,采笋期结束后,应追施1次复壮肥。一年中最后一次追肥最晚不能晚于霜前2个月,否则植株会不断发生新梢而影响根部的养分积累。

培土是栽培芦笋的一项重要措施。在春季,一般当地温达到10℃时,嫩芽萌动后培土最合适。如培土过早,地温上升慢,出笋慢;培土过晚,笋露出地面后,笋头呈紫色或绿色,影响品质。一般每隔10～15天培土1次,每次培土厚5厘米左右;培的土要干燥、疏松,并适当拍实。芦笋田要适时灌水,栽培中应使土壤含水量达到70%～80%,过分干旱会使芦笋纤维增加,品质下降。停止采笋后,应及时浇水,使地上部植株正常生长。越冬前要浇足冻水。

生产上为避免芦笋田株丛过旺,防止母茎倒伏,需要采用一系列的植株调整措施,现分述如下。

(1)株丛删除 有些地区芦笋采收后生长期较长,田间株丛过于繁茂,既影响通风透光,也易发生病害或倒伏。在此情况下,早期应删去部分地上茎,控制株丛过茂生长。地上茎疏删的轻重和次数,应根据当地气候条件和株丛生育状况确定。一般生育期愈长的芦笋,删割次数愈多,早期留母茎也要少一些,至下霜前2个月,每株应形成15条左右的地上茎,即每平方米有地上茎30～40条。但若气候干旱,地上茎少,则无须删除。

(2)埋桩拉绳 芦笋植株高大,易倒伏,影响通风透光,且易引发病害。因此，当植株长到1米以上时，应在行间每隔5米埋一桩柱，柱与柱之间拉绳索或铅丝，拉绳高度为植株高度的2/3，然后将芦笋茎秆分别捆于绳索或铅丝上，这样可防止植株倒伏，也有利于植株进行光合作用，积累养分。

(3)母茎打顶　当新茎长到80厘米时摘去顶梢，这样可防止地上茎过高而倒伏，也可控制株丛生长过旺，改善通风透光条件，防止病害蔓延。打顶一般在株丛生长前期选有风季节与疏删株丛结合进行。

(4)整枝　整枝是一种减少枝叶的措施。在盛夏期间，由于温度高而不允许疏删主茎，但芦笋枝繁叶茂，既易使中部叶片发黄，也不利于喷药防病，因此应及早删除侧枝。

(5)疏花疏果　芦笋雌株上着生大量果实，耗费大量养分，摘除部分雌花或幼果可减少养分消耗，增加产量。

102. 芦笋次劣嫩茎是怎样形成的？

芦笋次劣嫩茎的产生，将降低产品的商品率，影响经济效益。芦笋次劣嫩茎主要表现及产生原因有以下几个方面。

(1)空心　指芦笋嫩茎中心出现空洞现象。空心与品种有关，如UC72、MW500W等空心率高，而UC157等品种空心率低。偏施氮肥、缺少磷钾肥或其他元素也易引起空心。因此，应多施复合肥，补充复合微肥。低温也易引起芦笋空心，一般采收前期温度低，空心多，中后期则空心很少。因此，早春应覆盖薄膜以增加地温，减少芦笋空心率。此外，土壤黏重或过干过湿也易引起芦笋空心。

(2)嫩茎老化　指芦笋嫩茎发硬、纤维含量多。在芦笋栽培中，植株衰老或衰弱会使嫩茎老化；高温干旱，缺少氮肥，培土过重或采收不及时，也会造成嫩茎老化。此外，嫩茎采收后运输时间过长或见光、风吹失水等也会造成嫩茎老化。

(3)苦味过重 芦笋嫩茎带有苦味是正常的,但苦味过重则影响品质。幼龄芦笋或处于衰退期的芦笋田采收的嫩茎苦味较重,栽培中应促使植株健壮生长,增加养分积累,降低苦味。土壤黏度大、土壤板结、土质偏酸或偏碱、偏施氮肥、缺少磷钾肥、土壤过干、田间积水等,都会引起苦味过重。

(4)锈斑 芦笋嫩茎常因病虫害、肥料和有害气体灼伤而发生锈斑,尤其是白芦笋,在土壤过湿或排水不良时,嫩茎被茎枯病病菌侵染,更易出现黄色锈斑。

(5)嫩茎弯曲 主要因培土过紧或嫩茎生长时遇石砾、瓦块等杂物,易形成弯曲笋。培土或采笋后填土紧实度不一致,也会造成弯曲。

此外,次劣芦笋还有嫩茎开裂、畸形、扁形笋、嫩茎变色、鳞片松散及弯头等,其原因常与品种质劣、水分供应不匀、氮肥过多、培土质量差、土中杂物多、土壤黏重、地下害虫等因素有关。

103. 怎样收获芦笋?

北方地区收获芦笋大多在3～6月份进行。白芦笋应适时采收,每天早晚各采收一次,以清晨收获最好。当嫩茎即将破土而出,地面出现裂缝时,用刀从土堆一侧与地面呈50°～60°角斜插而入,由基部割下嫩茎。一般要求嫩茎长23～26厘米。采收的芦笋应放在黑暗处,防止见光变色而影响品质。绿芦笋一般不培土,在地上部收割,营养价值高于白芦笋。

芦笋收割后应将土填平。每次采收不宜过多,以免影响植株以后的生长。一般8～9年生的芦笋田产量最高,667平方米产量可达400～600千克,以后产量逐步下降。芦笋种植年限一般为10～15年。

104. 绿芦笋与白芦笋在栽培上有何不同？

栽培绿芦笋需人工少，生产成本低，加之其口味好，营养价值高，因此目前各地绿芦笋的栽培面积越来越大。

绿芦笋栽培方法与白芦笋大体相同，上述问答中已作了介绍，不再重述，这里只介绍其不同之处。

(1)品种选择　栽培绿芦笋要选择品种纯度高、早熟性好、产量高、嫩茎粗大、颜色浓绿的品种。现在生产上应用较多的品种有UC711、UC309、UC157、UC72、台南1号、台南3号等。

(2)定植密度大　绿芦笋定植密度比白芦笋大，一般行距为140～150厘米、株距为30厘米，每667平方米栽1400～1600株。

(3)不培土或少培土　绿芦笋采收期前不培土，所以农家肥和复合肥无法与土一起埋入垄中，一定要开沟施入农家肥和其他肥料。绿芦笋在采收前稍加培土，有利于嫩茎的肥大和提高产量。一般采收前在根盘处培土8～10厘米高，宽度稍大于根盘。

十九、菜豆、豇豆

105. 菜豆播种前怎样进行种子的精选与处理?

菜豆种子的优劣及播种质量对植株生长及产量有直接影响,因此菜豆在播种前应进行严格的选种及种子处理。首先要选择粒大饱满、无病虫危害的新种子,播前要晒1～2天。为防止病害,播种前还需用药剂对种子进行消毒,用根瘤菌剂拌种。具体做法如下。

(1)药剂消毒 用相当于种子重量的0.3%的福尔马林配成1%的浓度药液将种子浸泡20分钟,而后用清水洗净即可播种。此法可杀死种子带有的炭疽病菌。用50%福美双可湿性粉剂拌种,可有效地防止种子带有细菌性疫病病菌,用药量为种子重量的0.3%～0.5%。

(2)根瘤菌剂拌种 菜豆根瘤较少,固氮能力很弱。如播前采用根瘤菌剂拌种,可提高根部的固氮能力,尤其在没有种过豆科植物的地块、新开垦的地块或较贫瘠的地块,接种根瘤菌很有必要,增产效果也很明显。根瘤菌剂可自行配制,具体做法是:在上一年拉秧的菜豆老根中选根瘤多且大的植株,剪下细根及根瘤,收藏入袋,在无光处洗净泥土,放置在30℃以下的暗室内阴干,将干燥的根瘤压成粉末状,放在干燥、清洁、无光处保存备用,有效期为一年。对菜豆种子接种时,先用水喷湿种子表面,再用水湿润根瘤菌剂,使其含水量达到35%左右。然后拌种即可播种。每667平方米用干菌剂 50 克左右。

106. 怎样对菜豆进行查苗、中耕和支架？怎样进行菜豆的肥水管理？

菜豆幼苗的第一对基生叶展开后即应进行查苗补苗，淘汰基生叶不健全的弱苗，补栽健壮苗。用作补苗的幼苗应提前培育。

菜豆直播出苗或定植成活后，应进行中耕松土，以利于提高土壤温度，改善土壤透气性，以利于根系生长和根瘤菌的活动。菜豆苗期一般中耕 2 次，第一次中耕可在苗出齐后或定植成活后进行，第二次中耕可在矮生菜豆现蕾前、蔓生菜豆抽蔓前进行。

蔓生菜豆在抽蔓前应先插好支架。第二次中耕后在畦内浇水，待畦土稍干即可，插成人字架或花架等架式，在畦两端应多插 1～2 根撑竿以加固支架，防止倒伏。插架后，在植株开始抽蔓向上生长时引蔓 1 次，使菜豆各株茎蔓能均匀分布，以免相互缠绕而影响正常生长。

对于菜豆的肥水管理，菜农的经验体会是“干花湿荚”、“前控后催”。从菜豆出苗或定植缓苗后直到植株开花结荚(小豆荚生长发育之前)，应根据植株生长发育情况，适当控制其生长，即一般不浇水，进行中耕蹲苗，防止植株生长过旺而导致落花落荚。若田间过于干旱，可在开花前浇 1 次小水，以满足开花所需水分。若土壤墒情好，可一直蹲苗直至坐荚后再浇水。在正常情况下，菜豆第一批花凋谢后，所结的小豆荚长达 3～4 厘米时，才开始浇水施肥。

菜豆坐荚后，植株进入生长盛期并陆续开花结荚，需水需肥量增多，管理上进入重点浇水追肥时期。结荚初期，每隔 5～7 天浇 1 次水，并结合浇水追肥，一般每隔 15～20 天追 1 次肥，应追施氮磷钾复合肥，尤其应增加钾肥的比例。进入结荚盛期，应加大施肥和浇水量，使土壤持水量达 60%～70%。进入高温季节，应采用勤浇、轻浇、早晚浇和雨后涝浇园等方法降低地表温度,保持土壤充足的氧气,使其通气良好,避免沤根。在追肥管理上,应加强矮生菜豆前期的追肥,加强蔓生菜豆中后期的追肥,防止植株早衰,延长结荚收获期,以提高产量。

107. 菜豆落花落荚的原因是什么?怎样预防?

在菜豆的栽培中,落花落荚现象非常普遍。据观察,蔓生菜豆结荚率仅占开花数的20%～35%。由此可见,减少菜豆落花落荚,提高结荚率,是菜豆获得丰产的重要一环。

菜豆落花落荚的原因主要是植株本身的养分状况和不良环境的影响。

(1)植株本身的原因 由于植株短期内大量花芽分化,各花序之间、植株与花序之间、同一花序各朵花之间存在着争夺养分的情况,养分供应比较好的部位的花较少落花落荚。一般植株中部营养好,落荚少。此外,肥水调节不当,茎叶徒长,营养生长过旺或缺肥少水,同化作用弱也易引起落花落荚。枝叶生长繁茂,密度过大,互相遮荫或光照不足也会引起落花落荚。

(2)不良气候条件的影响 春菜豆早期花芽分化时因温度低,花往往发育不良,造成落花。开花期遇低温或高温干旱或高温多雨也会造成落花落荚。一般情况下,前期落花的原因主要是低温影响花芽发育和影响授粉受精(在低于15℃的温度条件下不能正常授粉受精)。此外,开花前期落花的另一个原因是植株存在着营养生长和生殖生长争夺养分的矛盾。中期落花的原因主要是因为植株立体结果造成生殖生长争夺养分的矛盾。因此,此期应大肥大水促进花果的发育。后期落花的原因主要是高温多湿或高温干燥,影响授粉和花粉的萌发,造成落花落荚。生产上预防和控制落花落荚的主要措施：一是选择适宜品种。应选用适应性强、坐荚率高的丰产优质的菜豆品种。二是加强肥水管理。应在播种前施足基肥，合理密植，使植株间有良好的通风透光条件。苗期和开花期以中耕保墒为主，促使植株根系健壮生长发育。进入结荚盛期应加强肥水管理，增施磷、钾肥。三是施用生长调节剂。花期喷施5～25毫克/千克萘乙酸或30毫克/千克番茄灵，可有效地防止落花落荚。

108. 怎样进行春季菜豆地膜覆盖栽培？

春季利用地膜覆盖栽培菜豆，可以提高地温，保持土壤水分，促进微生物活动，提高肥料利用率，改善土壤环境，促进根系生长，加快菜豆生长发育速度，赶在露地栽培菜豆之前提早成熟、上市，从而增加产量，提高效益。菜豆春季地膜覆盖栽培要点如下。

(1)品种选择 应选择较耐低温、优质高产的菜豆品种。矮生菜豆可选择嫩荚菜豆、优胜者菜豆等；蔓生菜豆可选择丰收1号、上海小刀豆等品种。

(2)重施基肥，精细整地 因覆盖地膜后土壤温度高，养分分解快，消耗也多，而且地膜覆盖后追肥不方便，所以盖膜前应施足基肥，一般比大田增加30%～50%，并应注意配合施用氮磷钾肥。施基肥后要充分翻耕土地，使肥土均匀混合。地膜覆盖要求地膜与土壤紧密贴接，所以盖膜前要精细整地。在施足基肥的基础上，耕翻耙碎土块，使15～20厘米深的耕作层土壤疏松、细碎。

(3)覆盖地膜 施足基肥并精细整地后，做成宽1米左右的平畦，而后开沟或开穴播种，将地膜拉紧铺于畦面，四周要压实。为防止风害，应在畦北侧设立风障。采用地膜覆盖栽培要比露地栽培提早10～15天播种。播种盖膜后，应经常检查出苗情况，在小苗拱土将要出土时，立即在出苗处划破地膜，待小苗出土后可将苗理出地膜,以防止烤苗。

(4)田间管理 菜豆地膜覆盖栽培同大田露地栽培基本相同,但全生育期浇水量应比露地少。在菜豆生长前期要控水,以防幼苗徒长或引起植株生长后期早衰;在菜豆生长盛期也不可大水漫灌,否则土壤湿度过大,植株易感染病害。

109. 怎样进行大棚秋菜豆延后栽培?

大棚秋菜豆延后栽培对解决蔬菜淡季供应问题具有重要作用,其栽培要点如下。

(1)品种选择 华北地区应选择生育期较长的中晚熟蔓生菜豆和一些中晚熟优质高产的地方品种。

(2)栽培季节 大棚秋菜豆延后栽培若采用直播,则在大棚内有100～125天的生育期;若育苗移栽,则在大棚内有80～100天的生育期。因此,华北地区应在7月上旬直播或育苗,育苗于8月上中旬定植于大棚内,10月上旬开始收嫩荚,11月中旬拉秧。

(3)播种育苗及苗期管理 大棚内直播、育苗及苗期管理与露地播种方法相同。育苗则应在其他大棚内进行,也可在露地做高畦搭荫棚育苗。在育苗畦上按8～10厘米见方的距离穴播种子3～4粒,也可用营养土方或育苗钵点播育苗。因菜豆育苗期处在高温雨季,应注意遮荫降温,气温不能高于35℃。要避免暴雨淋伤小苗或因水分过多使小苗徒长或染上病害。

(4)定植及定植后的管理 菜豆出苗后20～25天即可定植,华北地区定植期一般为8月上中旬。定植前,每667平方米施基肥3 000～4 000千克,将肥料翻入土中,使肥土均匀混合,整平地面后做成宽1～1.2米的平畦。定植时,在畦中开两沟顺水定植,定植密度比露地栽培应稍大,穴距30厘米,每穴栽2～3株。定植后2～3天浇缓苗水,地表稍干即可中耕蹲苗。

菜豆定植初期，气温较高，植株生长快，因此，定植初期的管理主要是遮荫降温，棚膜只扣顶部用于防雨。菜豆开花前，应控制浇水，每隔 7～10 天中耕和培土 1 次，共进行 2～3 次，以避免植株徒长。当幼荚长至 4～5 厘米时开始施大肥浇大水，每隔 7～10 天浇水 1 次，浇 2 次水后追肥 1 次，共浇水 4～5 次，追肥 2～3 次。10 月中旬后，植株生长减弱，可减少浇水，停止追肥。

9 月中旬后，菜豆进入收获盛期，外界气温逐渐降低，应注意将四周棚膜盖严压紧，通风也只通“顶风”，夜间密闭大棚。以后外温继续降低，通风次数应相应减少，使棚内气温白天保持 20℃～25℃，夜间保持 15℃～20℃。10 月中旬后应注意防寒保温，如有寒流夜间应加盖草苫或临时加温，保持棚内正常温度。如管理正常，菜豆在大棚内的生长期可延长至11月中旬。

110. 豇豆在肥水管理上有什么特点？

同菜豆一样，豇豆在肥水管理上也有“干花湿荚”的说法。豇豆根深耐旱，生长旺盛，容易出现营养生长过旺而影响开花结荚，在田间肥水管理上应注意先控后促，防止植株徒长和早衰，达到果秧并茂、立体结荚的效果。

豇豆从播种或定植到开花前以控水、不耕和保墒为主，适当进行蹲苗。当第一批果荚坐住后，要充分供应肥水，经常保持畦面湿润，浇 1～2 次水后追 1 次肥，以满足豇豆开花结荚的需要，保持植株健壮的生长势和旺盛的生活力。进入采收盛期，由于大量养分用于开花结荚，因此植株生长缓慢，常出现“歇伏”现象。这时应连续追肥，保持土壤湿润，避免植株早衰，促进侧枝萌发，以形成较多的结荚侧枝。

111. 怎样对豇豆进行植株调整?

(1)支架引蔓 蔓生豇豆植株生长迅速,枝蔓抽生快,当主蔓出现5～6片叶时应及时支架,人工引蔓上架。引蔓时应注意切不可折断幼茎,否则侧蔓丛生,影响透风,从而影响授粉受精,导致落花落荚,影响产量。引蔓宜在晴天中午或下午进行,此时幼茎柔软,不易折断。

(2)抹侧芽 将第一花序以下的侧芽全部去除,保证主蔓正常生长。

(3)打腰枝 主蔓第一花序以上各节位上的侧枝都应在早期留2～3片叶摘心,促使侧枝形成花序。

(4)摘心 当主蔓长至2～2.3米,爬至架顶后摘心。摘心可控制植株主蔓生长,促进下部侧枝花芽的形成和发育,使植株连续结荚,从而获得增产增收。

112. 豇豆早熟栽培的形式有哪些?

豇豆早春高效益栽培在豇豆生产中起着很重要的作用。其栽培形式有以下几种。

(1)提早育苗,露地栽培 3月中下旬,在阳畦内播种育苗,4月中下旬定植于露地,6月中旬开始收获。

(2)地膜覆盖栽培 3月中下旬在阳畦播种育苗,4月中下旬地膜覆盖定植,6月上旬开始收获。

(3)小拱棚栽培 2月下旬至3月上旬在阳畦播种育苗,3月下旬至4月上旬将幼苗定植于小拱棚内,5月中下旬开始收获。

二十、豌 豆 苗

113. 怎样生产豌豆苗？

豌豆苗的生产方法基本上与萝卜芽的生产相同，现将其不同点归纳如下。

(1)品种选择 除豌豆皱粒品种外，其他品种均可选用，但最好选用小粒种子如麻豌豆等，以提高产苗率。

(2)浸种与播种 豌豆在常温下需浸泡18～24小时。每个育苗盘的播种量需干种子量500～600克。

(3)上架后的管理 室温控制在18℃～23℃；光照以弱光照为好，这样生产的豌豆芽黄绿鲜嫩。

(4)采收 当苗高达12厘米左右，顶部复叶还没展开或开始展开，组织柔嫩未纤维化之前采收。

二十一、荷 兰 豆

114. 怎样种植荷兰豆?

荷兰豆又称菜用豌豆,为豆科豌豆属,以嫩豆荚供菜食的一年生蔬菜。荷兰豆作为特菜,在北方栽培有一定的面积。其栽培要点如下。

(1)品种选择 生产中食嫩荚豌豆主要有白花大荚荷兰豆、脆甜软荚荷兰豆等皱粒的蔓生品种。

(2)栽培方式 在华北地区,荷兰豆露地栽培大多为春播(顶凌播种)夏收;设施栽培可利用日光温室、塑料薄膜拱棚进行春提前和冬茬栽培。

(3)播种或育苗移栽 一般采用直播,以穴播为主的方法。播种密度为行距60～70厘米、穴距30～40厘米,每穴播3～4粒。每667平方米用种量为10千克。播前浇足底水,播后覆土2～3厘米。为了延长前茬作物的生长期,充分利用保护地的时间,也可用营养钵育苗。

(4)田间管理 由于荷兰豆生长期可耐0℃以下的低温,所以冬季最寒冷季节日光温室必须保持0℃以上的室温。白天生长适温为15℃～20℃,夜间为10℃～15℃,温度超过25℃应通风,防止温度过高造成植株徒长。

荷兰豆苗期应适当抑制肥水,现蕾期结合浇水追肥一次,每667平方米施复合肥15～20千克,然后中耕控水,防止徒长。进入盛荚期,肥水齐攻,促进结荚。整个结荚期追肥2～3次,以保持土壤湿润。

蔓生荷兰豆应搭架栽培。当植株卷须出现时开始插架。在温室内多用塑料绳或尼龙绳作牵引。每隔40～50厘米,人工绑缚或缠绕一次,使其分布均匀,通风透光,易于结荚。

(5)采收　荷兰豆是以采收嫩荚供应市场的蔬菜。软荚豌豆采收标准一般是在花后7～10天,荚已充分长大,豆粒尚未发育时期。一般采收期可达30～50天。

二十二、香 椿

115. 如何培育香椿矮化苗木?怎样进行日光温室香椿高密度假植栽培?

香椿苗木可用种子繁殖,也可利用扦插繁殖或根蘖繁殖。温室栽培时,用苗量大,无性繁殖数量有限,因此多采用种子繁殖。山东及其以北地区,当年的露地实生苗不易达到标准,所以温室栽培宜用二年生苗或在设施内提前播种育苗。壮苗标准为一年生苗高 0.6～1 米,茎粗 1 厘米以上;二年生苗高 1～1.5 米,茎粗 1.5 厘米以上。

(1)播种 选用贮存期半年以内的新种子,晾晒几天,搓去翼翅,温汤浸种后,用清水浸种 12 小时,在 20℃～25℃条件下催芽。约 30%的种子"裂嘴"后即可播种。早春在温室内做成 1.2～1.5 米宽的平畦,畦内打透底水,水渗下后,将种子与细沙 1∶1 混匀,覆土厚 1 厘米,其上覆地膜保墒。每 667 平方米播种量 2～3 千克。

(2)苗期管理 播种后苗床温度保持在 20℃～25℃,15 天左右齐苗。齐苗后日温降至 20℃,夜温 15℃,保持土壤湿润。当苗高为 10 厘米左右时移苗,株行距一般为 25 厘米×30 厘米。在缓苗期间遮阳降温。缓苗后的 6～7 月份进入速生期,应大肥大水促生长。同时,由于香椿苗极不耐涝,进入雨季应注意排除积水。8 月份以后停止施肥,以防止徒长。

(3)矮化处理 香椿苗木必须进行矮化整形,使苗木的增高生长受抑制，加粗生长增强，苗木形成较多的侧枝和饱满的顶芽，才能进行密植栽培。一般于6～7月份，一年生苗高度为30～40厘米时，保留15～25厘米摘心或短剪，促使主干下部萌发2～3个侧枝作为一级侧枝。侧枝长至30厘米以上时再次摘心，保留5～10厘米长，促使萌发二级侧枝。或于7月中下旬每隔10～15天喷1次15%多效唑200～400倍液，连喷2～3次，也可起到矮化效果。

近年来，日光温室香椿高密度假植栽培已获得成功，具体做法如下。

一是培育矮化壮苗（详见前述的如何培育香椿矮化苗木内容）。

二是低温处理。一般于当地初霜到来之前，苗木落叶、养分大部分回流到树体里时抓紧起苗。将苗木浇透水后起苗，然后在背阴处挖沟假植，根部覆土浇水，并盖柴草。在1℃～5℃低温条件下经30天，香椿苗在自然温度下通过休眠，然后再移入温室。

三是整地定植。每667平方米施土杂肥2 000～3 000千克、氮磷钾复合肥25千克，施肥后深翻25厘米，精细整地，做成宽1.5～2米的平畦。定植前5～7天扣棚并将苗木分级，大苗栽在温室北部，小苗栽在温室南部。畦内按20厘米行距开25厘米深的沟，沟向与畦向垂直。按株距5厘米摆苗，将苗木一株株地立于沟中，根系可重叠，但要舒展。每平方米种植1～2年生单干苗100～150株、多年生苗80～100株，每667平方米栽苗5万～6万株。

四是定植后的管理。①温光调节。扣膜后10～15天为缓苗期，日温保持20℃～25℃，夜温12℃～14℃，白天最高不超过28℃，夜间不超过18℃。顶芽萌动后日温降至15℃～25℃，夜温10℃。采芽期日温最好控制在18℃～25℃，香椿生长期保持2 000～3 000勒克斯光照条件，其品质最好。立春后光照增强，应适当遮光。②肥水管理。定植时浇足水。萌芽期向枝干喷水以补充水分。自顶芽萌动后,每隔10～15天进行一次根外追肥,用0.2%尿素或磷酸二氢钾交替喷施。每次采后应追肥浇水,每次每667平方米春节后可追施尿素15千克和适量草木灰。

五是采收。在正常的管理条件下,从栽植至萌芽需40天左右,从萌芽至采收需7～12天。但香椿苗木萌芽早晚相差可达20～30天。因此,为使香椿春节上市时产量达到高峰,应保证扣膜后有60～70天的生长期。香椿芽长到15厘米以上时就应及时采收。采芽宜在早晚或遮光条件下进行,以防止香椿芽萎蔫。对顶芽可整个芽掰下,以刺激侧芽萌发。

六是适时平茬。翌年春,当外界温度稳定在10℃以上时,将椿苗平茬后移植于露地。一年生苗留10厘米、二年生苗留15～20厘米进行短截平茬。平茬后实行大通风3～4天炼苗。移植密度为行距30～40厘米、株距20～25厘米。定植后要浇足底水,及时中耕,苗木上发出新枝后,选留最上边的一个粗壮枝作为新干,培养成下一年用苗的苗干,其余侧枝全部抹掉。

二十三、紫背天葵

116. 怎样种植紫背天葵?

紫背天葵别名称血皮菜、两色三七草等,为菊科三七草属多年生草本植物。原产于我国南部,近年来在北方地区作为特菜引入栽培。以其嫩茎叶供食,具有很高的营养保健作用。其栽培技术要点如下。

(1)育苗 紫背天葵节部易生不定根,扦插极易成活,生产中多采用扦插繁殖。可于春、秋两季进行扦插育苗。选择健壮无病的枝条剪取6～8厘米长的段,摘去基部1～2片叶后,插于苗床或营养钵中,上面用旧薄膜或无纺布覆盖,注意遮荫保湿。苗期温度控制在20℃～25℃,保持苗床湿润,经2周左右即可成活。在无霜冻的地方可周年繁殖,北方地区应在设施内育苗。

(2)整地定植 选择土层深厚、肥沃疏松的砂壤土进行精细整地,每667平方米施入优质农家肥3 000千克和氮磷钾复合肥25千克,做成1.2米宽的平畦,于当地断霜后1周定植于露地。畦上按株行距30厘米×30厘米开穴,将已成活的扦插苗栽入穴内,每穴插1株,浇足定植水,待水渗下后封堰。

(3)田间管理 缓苗后及时中耕除草,可促进根系发育。生长期间保持畦面湿润,不可过干或过湿。紫背天葵喜温耐热,生长适温为20℃～25℃,不耐低温,只能忍受3℃～5℃的低温,遇霜则冻死。在我国南方可周年生产,北方地区冬季可在温室生产。紫背天葵生长势强,采收期长,在施足基肥的基础上,采收期间还应少量多次追肥。北方地区栽培紫背天葵,病虫害较少,须注意防治蚜虫,以减少病毒病的传播。早期发现病毒病株要及时拔除,采收时注意防止接触传播。

(4)采收 紫背天葵定植20天后即可采收,采收标准为嫩梢长10～15厘米。第一次采收时基部应留2～3节叶片,使其叶腋处继续萌发出新的嫩梢,第二次采收留基部1～2节叶片。在适宜的环境条件下,每10～15天可采收一次,采收次数越多,植株的分枝越旺盛,如不及时采收,反而不利于其生长。

二十四、紫　苏

117. 怎样种植紫苏?

紫苏为唇形科紫苏属一年生草本植物,以嫩茎叶供食用,具有特异芳香,可生食、炒食、做汤、制酱和腌渍。紫苏可供出口,是一种很有发展前景的外销蔬菜。紫苏栽培技术如下。

(1)栽培方式及栽培季节　华北地区可于3月末至4月初露地播种,也可育苗移栽,6～9月份可陆续采收。设施栽培紫苏,于9月至翌年2月份播种或育苗栽种,11月至翌年6月份收获。

(2)整地做畦　紫苏以选排灌方便、疏松肥沃的壤土种植为好。每667平方米施入2 000～3 000千克农家肥作基肥,耕翻土地并耙细整平,做成80～100厘米宽的畦。

(3)直播或育苗移栽　直播采用条播或穴播。条播在整好的畦上按行距50～60厘米开0.5～1厘米的浅沟。穴播按穴距30厘米×50厘米开穴。将种子均匀地撒入沟(穴)内,覆薄土,稍加镇压,每667平方米用种量1千克。播后5～7天即可出苗。育苗可提前在设施内进行,待秧苗有2～3对真叶时,按株行距30厘米×60厘米移栽于大田,栽后及时浇水1～2次,即可缓苗。

(4)田间管理　生产期间看长势及时追施尿素7～8次。在整个生长期要求保持土壤湿润,以利于植株快速生长。定植后20～25天要摘叶打杈,将第四节以下的叶片和枝杈全部摘除,以促进植株健壮生长。紫苏分枝力强,对所生分枝应及时摘除。

(5)叶片的采收　可随时采摘菜用嫩茎叶。作出口商品的紫苏,需按标准采收。其采收标准是叶片中间最宽处达到12厘米以上,要求无缺损、无洞孔、无病斑。一般于5月下旬或6月初采摘,若秧苗壮健,从第四对至第五对叶开始即可达到采摘标准。6月中下旬及7月下旬至8月上旬,叶片生长迅速,为采收高峰期,平均3～4天可以采摘一对叶片,其他时间一般每隔6～7天采收一对叶片。从5月下旬至9月上旬,一般可采收20～23对合格的商品叶。

二十五、番　杏

118. 怎样种植番杏？

番杏，别名新西兰菠菜，番杏科番杏属，在热带、亚热带为多年生蔬菜。北方露地作一年生栽培，华北地区多于 2 月中旬至 3 月中旬设施播种育苗，4～5 月份于露地定植，秋末拉秧。设施内可四季栽培，周年供应。番杏以肥厚多汁的嫩梢、嫩叶为食用部分，营养非常丰富。

番杏具有较强的抗逆能力，生长旺盛，易栽培，极少病虫害，无须用药，是一种绿色蔬菜。其栽培技术要点如下。

(1)播种育苗

①播种之前的种子处理　番杏种皮坚厚，通透性较差，吸水比较困难，自然状况下发芽期长。播种前采用温汤浸种，先在 55℃的温水内浸泡 15 分钟，再在 30℃左右的温水中浸种 12 小时。也可将粗沙与种子放在一起研磨，对种皮造成机械损伤，以增加种皮的通透性，促进种子萌发。最后将处理过的种子放在 30℃条件下催芽，一般 4～5 天后即可发芽。催芽期间要每隔 8～10 小时淘洗一次种子。当大部分种子发芽即可播种于事先预备好的苗床上。

②播种　播种前在畦面喷一遍水，待水渗下后按 8 厘米的株行距播种，覆盖 1 厘米厚的过筛细土，而后轻轻镇压。

③苗期管理　番杏较耐高温，不耐低温，故播种后，苗床温度应保持在 25℃左右，一般经 15～20 天出苗，齐苗后再覆 0.5 厘米厚的过筛细土，以弥缝保墒，同时降低苗床内温度和空气湿度，日

温掌握在20℃～22℃,夜温以12℃～15℃为宜。苗期一般不浇水,如遇干旱可选择晴天的上午浇水,水量不可过大。当幼苗为5～6片叶时,一般出苗后30～40天适当炼苗后进行定植。夏季育苗为防止高温危害,晴天时上午11时至下午3时覆盖遮阳网或苇帘,避免强光直射。也可利用幼梢扦插育苗。

(2)整地、施肥和做畦 选择排灌方便的砂壤土或壤土田块,冬前或播种前进行深耕,每667平方米施腐熟的有机肥2 000～3 000千克,硫酸钾15～20千克,耙细整平后做畦。一般畦面宽1～1.2米。

(3)定植 当幼苗具5～6片叶时进行定植,种植密度一般为30厘米×40厘米,每667平方米定植5 500株。

(4)定植后田间管理

①浇水 番杏以嫩梢和叶片为食用部分,缺水时叶片变硬,纤维素增加而影响品质,故在生长期要经常浇水,保持土壤见干见湿,在雨季则要及时排水防涝,以免烂根。

②施肥 番杏的生长期长、生长量也大,每次采收后植株都会发生多个侧芽。因此需氮、钾肥较多。生产中除定植前施足基肥外,还应进行多次追肥,以提高产量。一般采收期间每隔30天左右,每667平方米随水追施尿素10～15千克、硫酸钾5～10千克或与1 500千克的腐熟人粪尿液轮换施用。

③中耕除草 为促进根系生长,定植后应进行多次中耕除草,植株封垄后要随时拔除杂草。

④整枝 番杏的侧枝萌发力强,尤其是在肥水充足时,每次采收嫩梢后,萌发更多。对生长过旺的植株应剪除一部分老侧枝,使其分布均匀,以利于通风透光。

(5)采收 当植株生长出7～8片叶时,基部留4～5片叶后,采收上部具有3～4片叶的嫩梢,包装后上市。以后长出的侧芽可陆续采收。一般隔5天左右采摘一次,露地一直可采收到霜降。

设施内可连续采收 2～3 年。一般一个月每 667 平方米可采收 600～1 000 千克嫩梢。

由于番杏的茎叶内含有一定量的单宁，所以食用时应先用沸水焯后再烹调。经沸水焯后的番杏嫩梢、嫩叶既可炒食、做馅、凉拌，也可做番杏蛋花汤，还可做成番杏粥，具有健脾胃、祛风消肿和除泄泻、痢疾等作用。

二十六、菊　苣

119. 怎样培育菊苣长成肥大的肉质根?

菊苣是菊科菊苣属中的多年生草本植物,以嫩叶、叶球、叶芽供食。菊苣中含有一些一般蔬菜中没有的成分,如马栗树皮素、马栗树皮苷、野莴苣苷、山莴苣素和山莴苣苦素等苦味物质,有清肝利胆的功效。世界上许多国家的美食家们都很看重菊苣,把它视为蔬菜中的上品。其嫩叶可以炒食、做汤或做色拉;软化栽培后的菊苣芽球可用以生吃,或做成鲜美、开胃的凉拌菜。欧美等国还有人把菊苣的肉质根加工成咖啡的代用品或添加剂。

软化用的肉质根因需要量很多,宜在大田栽培。一般每667平方米大田栽植成的肉质根,乳黄(白)色品种可供50～60平方米软化床栽培。

菊苣的播种期及栽培管理与胡萝卜基本相同。山东各地最适播期为7月中下旬。如播种过早,由于气温高,日照长,先期抽薹率高;播种过迟,则植株的肉质根不够充实、小且细,影响芽球的产量和质量;适期播种,苗期可避过高温期,先期抽薹率大大下降,而且植株有充分的生长时间长成结实的直根。

菊苣适宜直播,直播获得的肉质根直而较光滑,软化栽培时占地少,可多栽以增加单产。育苗移栽,肉质根分杈多。播种量为每667平方米200～250克。畦播或垄栽均可,株行距为10～15厘米×20～25厘米。每667平方米留苗25 000株左右。

菊苣的植株生长期为100天左右,便形成充实的肉质根。肉质根的收获务必在霜冻前完成。肉质根挖起修整后放入白菜窖或萝卜窖等冷凉处贮存备用。整修和运贮工作应在严寒前完成，切勿使肉质根受霜雪冻害，否则在促成（软化）栽培时会因冻伤部位腐烂而造成失败。

在0℃窖内，肉质根可保鲜达6个月，在2℃时可保鲜约4个月。经低温通过休眠期才能长出芽球。贮藏温度不能过高，防止顶芽萌动。

120. 怎样进行菊苣的软化栽培？

菊苣的软化栽培场地可设在阳畦、大棚、地窖、温室及露地挖床坑等地点，也可用塑料桶、木箱、保温箱等容器盛装，置于空闲房舍内。其生产技术如下。

（1）囤栽床准备　选择温度能稳定地保持在8℃～20℃的塑料大棚、日光温室或空闲房舍，用洁净的沙质大田土或粗河沙作栽培基质，铺成30厘米厚的囤栽床，整平后待用。如在阳畦可直接于地面上挖槽，宽约100～150厘米，以站在槽边伸手能够到槽中心为宜；深20～30厘米，长度依场地而定。囤栽床需控制好温度，有条件的可在槽底铺上地热线，再覆土3厘米厚备用。

（2）菊苣直根处理　将菊苣的肉质根按不同长度分为大、中、小3级，掰掉烂叶，过长的根可把尾端切去。

（3）囤栽方法　把不同大小的根分栽于囤栽床内，将同一级别的肉质根挨个码放。码满一槽后，撒上沙或土填满间隙。使根头露出床面部分一样高，而后浇一次透水。待2～3天后覆盖黑色塑料薄膜或其他遮光保湿材料，创造黑暗条件进行芽球生产。

（4）管理　囤栽床温度控制在18℃～20℃时，经20天左右揭膜检查，收获黄白色芽球。每平方米约可收芽球25千克。

（5）根株贮存　为延长收获期，分批上市，可将根株囤栽在室外露地。于冬季封冻前挖槽沟,把菊苣的根株栽植于槽沟内,覆盖细沙土或河沙约 20 厘米厚,再加盖草帘。或露天在自然气温下越冬,但早春需经常检查,冬季不盖草帘的可延至 4 月上旬收获。

獭兔标准化生产技术	13.00
长毛兔标准化生产技术	15.00
肉兔标准化生产技术	11.00
蛋鸡标准化生产技术	9.00
肉鸡标准化生产技术	12.00
肉鸭标准化生产技术	16.00
肉狗标准化生产技术	16.00
狐标准化生产技术	9.00
貉标准化生产技术	10.00
菜田化学除草技术问答	11.00
蔬菜茬口安排技术问答	10.00
食用菌优质高产栽培技术问答	16.00
草生菌高效栽培技术问答	17.00
木生菌高效栽培技术问答	14.00
果树盆栽与盆景制作技术问答	11.00
蚕病防治基础知识及技术问答	9.00
猪养殖技术问答	14.00
奶牛养殖技术问答	12.00
秸秆养肉牛配套技术问答	11.00
水牛改良与奶用养殖技术问答	13.00
犊牛培育技术问答	10.00
秸秆养肉羊配套技术问答	12.00
家兔养殖技术问答	18.00
肉鸡养殖技术问答	10.00
蛋鸡养殖技术问答	12.00
生态放养柴鸡关键技术问答	12.00
蛋鸭养殖技术问答	9.00
青粗饲料养鹅配套技术问答	11.00
提高海参增养殖效益技术问答	12.00
泥鳅养殖技术问答	9.00
花生地膜覆盖高产栽培致富·吉林省白城市林海镇	8.00
蔬菜规模化种植致富第一村·山东寿光市三元朱村	12.00
大棚番茄制种致富·陕西省西安市栎阳镇	13.00
农林下脚料栽培竹荪致富·福建省顺昌县大历镇	10.00
银耳产业化经营致富·福建省古田县大桥镇	12.00
姬菇规范化栽培致富·江西省杭州市罗针镇	11.00
农村能源开发富一乡·吉林省扶余县新万发镇	11.00
怎样提高玉米种植效益	10.00
怎样提高大豆种植效益	10.00
怎样提高大白菜种植效益	7.00
怎样提高马铃薯种植效益	10.00
怎样提高黄瓜种植效益	7.00
怎样提高茄子种植效益	10.00
怎样提高番茄种植效益	8.00
怎样提高辣椒种植效益	11.00
怎样提高苹果栽培效益	13.00
怎样提高梨栽培效益	9.00
怎样提高桃栽培效益	11.00
怎样提高猕猴桃栽培效益	12.00
怎样提高甜樱桃栽培效益	11.00
怎样提高杏栽培效益	10.00
怎样提高李栽培效益	9.00
怎样提高枣栽培效益	10.00
怎样提高山楂栽培效益	12.00

怎样提高板栗栽培效益 13.00
怎样提高核桃栽培效益 11.00
怎样提高葡萄栽培效益 12.00
怎样提高荔枝栽培效益 9.50
怎样提高种西瓜效益 8.00
怎样提高甜瓜种植效益 9.00
怎样提高蘑菇种植效益 12.00
怎样提高香菇种植效益 15.00
提高绿叶菜商品性栽培技术问答 11.00
提高大葱商品性栽培技术问答 9.00
提高大白菜商品性栽培技术问答 10.00
提高甘蓝商品性栽培技术问答 10.00
提高萝卜商品性栽培技术问答 10.00
提高胡萝卜商品性栽培技术问答 6.00
提高马铃薯商品性栽培技术问答 11.00
提高黄瓜商品性栽培技术问答 11.00
提高水果型黄瓜商品性栽培技术问答 8.00
提高西葫芦商品性栽培技术问答 7.00
提高茄子商品性栽培技术问答 10.00
提高番茄商品性栽培技术问答 11.00
提高辣椒商品性栽培技术问答 9.00
提高彩色甜椒商品性栽培技术问答 12.00
提高韭菜商品性栽培技术问答 10.00
提高豆类蔬菜商品性栽培技术问答 10.00
提高苹果商品性栽培技术问答 10.00
提高梨商品性栽培技术问答 12.00
提高桃商品性栽培技术问答 14.00
提高中华猕猴桃商品性栽培技术问答 10.00
提高樱桃商品性栽培技术问答 10.00
提高杏和李商品性栽培技术问答 9.00
提高枣商品性栽培技术问答 10.00
提高石榴商品性栽培技术问答 13.00
提高板栗商品性栽培技术问答 12.00
提高葡萄商品性栽培技术问答 8.00
提高草莓商品性栽培技术问答 12.00
提高西瓜商品性栽培技术问答 11.00
图说蔬菜嫁接育苗技术 14.00
图说甘薯高效栽培关键技术 15.00
图说甘蓝高效栽培关键

技术 16.00
图说棉花基质育苗移栽 12.00
图说温室黄瓜高效栽培关键技术 9.50
图说棚室西葫芦和南瓜高效栽培关键技术 15.00
图说温室茄子高效栽培关键技术 9.50
图说温室番茄高效栽培关键技术 11.00
图说温室辣椒高效栽培关键技术 10.00
图说温室菜豆高效栽培关键技术 9.50
图说芦笋高效栽培关键技术 13.00
图说苹果高效栽培关键技术 11.00
图说梨高效栽培关键技术 11.00
图说桃高效栽培关键技术 17.00
图说大樱桃高效栽培关键技术 9.00
图说青枣温室高效栽培关键技术 9.00
图说柿高效栽培关键技术 18.00
图说葡萄高效栽培关键技术 16.00
图说早熟特早熟温州密柑高效栽培关键技术 15.00
图说草莓棚室高效栽培关键技术 9.00
图说棚室西瓜高效栽培关键技术 12.00
北方旱地粮食作物优良品种及其使用 10.00
中国小麦产业化 29.00
小麦良种引种指导 9.50
小麦科学施肥技术 9.00
优质小麦高效生产与综合利用 7.00
大麦高产栽培 5.00
水稻栽培技术 7.50
水稻良种引种指导 23.00
水稻良种高产高效栽培 13.00
提高水稻生产效益 100 问 8.00
水稻新型栽培技术 16.00
科学种稻新技术(第 2 版) 10.00
双季稻高效配套栽培技术 13.00
杂交稻高产高效益栽培 9.00
杂交水稻制种技术 14.00
超级稻栽培技术 9.00
超级稻品种配套栽培技术 15.00
水稻旱育宽行增粒栽培技术 5.00
玉米高产新技术(第二次修订版) 15.00
玉米高产高效栽培模式 16.00
玉米抗逆减灾栽培 39.00
玉米科学施肥技术 8.00
甜糯玉米栽培与加工 11.00
小杂粮良种引种指导 10.00
谷子优质高产新技术 6.00
豌豆优良品种与栽培技

术	6.50
甘薯栽培技术(修订版)	6.50
甘薯综合加工新技术	5.50
甘薯生产关键技术 100 题	6.00
甘薯产业化经营	22.00
棉花高产优质栽培技术(第二次修订版)	10.00
棉花节本增效栽培技术	11.00
棉花良种引种指导(修订版)	15.00
特色棉高产优质栽培技术	11.00
怎样种好 Bt 抗虫棉	6.50
抗虫棉栽培管理技术	5.50
抗虫棉优良品种及栽培技术	13.00
花生高产种植新技术(第 3 版)	15.00
花生高产栽培技术	5.00
彩色花生优质高产栽培技术	10.00
花生大豆油菜芝麻施肥技术	8.00
大豆栽培与病虫草害防治(修订版)	10.00
油菜芝麻良种引种指导	5.00
油菜科学施肥技术	10.00
油茶栽培及茶籽油制取	18.50
双低油菜新品种与栽培技术	13.00
蓖麻向日葵胡麻施肥技术	5.00
甜菜生产实用技术问答	8.50
甘蔗栽培技术	6.00
橡胶树栽培与利用	13.00
烤烟栽培技术	17.00
烟草施肥技术	6.00
啤酒花丰产栽培技术	9.00
寿光菜农日光温室黄瓜高效栽培	13.00
寿光菜农日光温室冬瓜高效栽培	12.00
寿光菜农日光温室西葫芦高效栽培	12.00
寿光菜农日光温室苦瓜高效栽培	12.00
寿光菜农日光温室丝瓜高效栽培	12.00
寿光菜农日光温室茄子高效栽培	13.00
寿光菜农日光温室番茄高效栽培	13.00
寿光菜农日光温室辣椒高效栽培	12.00
寿光菜农日光温室菜豆高效栽培	12.00
寿光菜农日光温室西瓜高效栽培	12.00
蔬菜灌溉施肥技术问答	18.00
现代蔬菜灌溉技术	9.00
绿色蔬菜高产 100 题	12.00
图说瓜菜果树节水灌溉技术	15.00
蔬菜施肥技术问答(修订版)	8.00
蔬菜配方施肥 120 题	8.00
蔬菜科学施肥	9.00
露地蔬菜施肥技术问答	15.00